KB211318

커피&바리스타 Coffee & Barista

박영배 지음

백산출판사

Preface 머리말

최근 몇 년 사이 우리나라는 커피 열풍에 빠져 있다. 남녀노소를 불문하고 자신의 기호에 맞는 커피를 찾아 마시며 적극적으로 소비하고 있다. 오늘날 커피는 단순한 기호음료를 넘어 하나의 문화를 형성하며 진화하는 중이다. 이처럼 커피문화가 발달하고 곳곳에 커피 전문점이 생겨나면서 바리스타가 유망직종으로 떠오르고 있다.

바리스타는 커피를 만드는 사람 정도로 생각하기 쉽지만 바리스타는 거기서 더 나아가 고객의 기호를 최대한 만족시킬 수 있는 서비스까지 제공할 수 있어야 한다. 그리고 다양한 커피 추출방법에 대한 이해를 바탕으로 가장 맛있는 커피를 만들어낼 수 있어야 한다. 아울러 좋은 원두를 분별, 선택할 수 있는 능력을 갖추는 것도 바리스타의 몫이다.

바리스타로 본격적인 활동을 하기 위해서는 이론과 기술을 습득하는 과정을 거쳐야 한다. 필수사항은 아니지만 자격을 취득하는 것이 도움이 된다. 아직까지 국내에 국가공인자격증은 없고 민간차원에서 발급하는 자격증만 있는데 이는 한국커피교육협의회, 한국능력교육개발원, 한국평생능력개발원 등에서 시행하고 있다.

바리스타는 예민한 감각과 지구력, 성실성 등이 요구되는 분야다. 따라서 고객의 기호와 욕구를 만족시킬 수 있어야 하며 일관된 서비스를 제공하는 친절한 자세도 갖춰야 한다. 완벽한 한 잔의 커피는 커피에 대한 온전한 이해에서 나온다. 바리스타가 알아야 할 전반적인 내용을 이 한 권에 담았다.

제1장은 커피의 재배와 수확, 가공공정, 로스팅, 블렌딩에 관한 모든 내용을 담았다. 제2장은 커피 추출방식과 함께 다양한 추출기구를 설명하였고, 제3장은 바리스타의 에스프레소 추출테크닉을, 제4장은 에스프레소 메뉴를 선택하여 만드는 방법 및 기술적인 방법을 다루었다.

제5장은 세계의 커피 원산지와 함께 각국의 특징을 간략하게 알아보고 이해할 수 있도록 구성하였다. 제6장은 커피의 품질을 평가하는 커핑방법을 다루었다. 마지막으로 부록에서는 용어해설을 비롯 커피 & 바리스타 자격 취득을 위한 내용을 수록하였다.

본서가 호텔, 관광, 외식, 조리 관련 학생들과 업계 종사자들의 발전에 좋은 길잡이가 되기를 기대하는 바이다. 끝으로 본서의 출판을 맡아주신 백산출판사 진욱상 사장님과 편집부 관계자 여러분께 깊은 감사를 드린다.

안산 초지골에서

저자 씀

Contents 차 례

Chapter 6 커핑 171

Chapter 1

커피의 일반적인 이해

커피나무는 아프리카 에티오피아가 원산지로 다년생 쌍떡잎 식물이다. 약 40여 종의 커피나무가 존재하지만 아라비카와 로부스타로 구분하는 것이 일반적이다. 커피를 볶으려면 가장 먼저 생두가 필요하다. 맛있는 커피는 양질의 생두에서 나온다. 로스팅은 일종의 과학이다. 생두의 풋향이 진한 갈색의 고소한 향미를 가진 원두로 변하면서 비로소 원두커피로 재탄생하게 된다.

COFFEE

Coffee Barista

Chapter 1

커피의 일반적인 이해

1. 커피의 역사

커피의 발견에는 여러 가지 설이 있지만 칼디(Kaldi)설이 주로 인용되고 있다. 커피가 세계 최초로 에티오피아에서 발견된 것은 5세기와 10세기 사이였다. 에티오피아 서부지방 카파(Kaffa) 지역의 고원에 살던 목동 칼디는 어느 날 방목하여 키우는 염소들이 빨간 열매를 따 먹고 흥분하며 날뛰는 것을 목격했다. 염소들의 신기한 행동에 호기심이 생긴 그는 그 열매를 따먹어 보았다. 그러자 머리가 맑아지고 기분이 좋아지는 것을 느꼈다.

그는 이 열매를 이슬람사원의 수도사에게 가져갔다. 수도사 역시 기분이 좋아지는 것을 느꼈으나, 그 열매가 악마의 유혹이라 생각하고 불에 태워버렸다. 그런데 그 열매는 불에 타면서 향기로운 냄새를 풍기는 것이었다. 그 후 수도사들은 열매를 따서 으깨어 생즙이나 물을 섞어 음료로 마시기 시작했고, 기도 중에 잠이 들지 않도록 하는 종교적 목적으로 사용되면서 여러 사원으로 퍼져

나갔다.

12~16세기에는 아랍도시, 메카, 카이로, 아덴, 페르시아, 터키에 전해졌다. 이 무렵 커피는 이슬람세력의 강력한 보호를 받았다. 커피재배는 아라비아 지역에만 한정되었고, 다른 지역으로 커피의 종자가 나가지 못하도록 엄격하게 관리되고 있었다.

17세기에 이르러 커피는 이슬람에서 유럽으로 퍼졌다. 당시 오스만튀르크제국이라는 강력한 국가를 형성했던 터키는 그들의 영향력이 미치는 유럽으로 커피를 전하는 메신저가 되었다. 17세기 말 네덜란드인들은 자바 섬에 커피 플랜테이션농장을 지으면서 유럽으로 커피를 대량 수출하기 시작했다. 이 무렵 미국은 독립운동을 통해 홍차 대신 커피 마시기를 권장함으로써 세계 최대의 커피소비국이 되는 계기가 되었다. 18세기에는 브라질이 개간한 대형 농장에 아프리카 노예를 이용하여 대규모로 재배하기 시작해서 세계의 50%를 생산하는 최강의 커피왕국을 건설했다. 커피 역사에 있어서 20세기는 획기적인 두 가지 발명을 하게 되는데, 이탈리아의 에스프레소 머신과 미국의 인스턴트커피의 발명이었다. 이후에 커피가 점차 대중화되면서 유럽 곳곳에 커피하우스가 등장하기 시작했다. 우리나라에서는 1895년 을미사변으로 인하여 러시아공관에 피신 중이었던 고종황제가 처음으로 커피를 마셨다고 전해진다. 이후 8 · 15해방과 6 · 25전쟁을 거치면서 미군부대에서 원두커피와 인스턴트커피가 보급되어 대중들이 즐기는 기호음료로 정착하였다.

2. 커피의 품종

커피나무는 꼭두서니(Rubiaceae)과(科)에 속하는 쌍떡잎식물이다. 커피의 품종은 식물학적으로 60여 가지가 있으며 주요 품종은 아라비카(Arabica), 로부스타(Robusta), 리베리카(Liberica)의 3대 원종이 대표적이다. 그 외의 품종은 대부분 여기서 개량된 종자들이다. 그중 아라비카종이 전 세계 산출량의 70%를 차지하고 있다. 나머지 30%의 대부분은 로부스타종이고, 리베리카종은 2~3%밖에 생산되지 않는다.

수도사들에게 '하나님의 거룩한 식물'이었던 커피는 에티오피아가 원산지이다.

1) 아라비카

에티오피아가 원산지로 홍해 연안과 인도, 동남아시아, 중남미 등에서 생산된다. 아라비카는 평균기온 20℃ 전후, 해발 800~2,000m의 고지대에서 주로 재배된다. 향미가 우수하고, 카페인 함량이 낮은 편이며, 주로 스트레이트 커피[Straight Coffee : 한 종류의 커피만을 사용하여 볶은 커피]와 스페셜티 커피[Specialty Coffee : 미국스페셜티커피협회(SCAA)에서 커핑테스트를 통해 80점 이상을 획득한 최고급 커피]에 사용한다. 대표적인 고유품종으로는 티피카(Typica)와 버번(Bourbon)이 있다. 그러나 15세기 이후에 전 세계로 퍼져 나가면서 자연적 돌연변이와 개체변이, 교배합을 통해 여러 품종이 생겨났다.

아라비카의 품종별 특징

품종(Variety)	특징
티피카 (Typica)	아라비카 원종(原種)에 가장 가까운 품종이다. 뛰어난 향과 신맛을 가지고 있다. 병충해에 약해서 생산성이 낮다. 따라서 가격이 비싼 편이다.
버번 (Bourbon)	Typica의 돌연변이종이다. 예멘의 모카품종의 커피나무를 아프리카 동부 인도양에 위치한 버번 섬에 이식한 데서 유래한 품종이다. 생두는 작고 둥글며 향미는 뛰어나지만, 생산성이 낮고 병충해에 약하다.
문도 노보 (Mundo Novo)	브라질의 레드 버번(Red Bourbon)과 티피카 계열의 수마트라(Sumatra)의 자연교배종이다. 신맛과 쓴맛의 밸런스가 좋고 재래종과 맛이 유사하다.
카투라 (Caturra)	브라질의 레드 버번(Red Bourbon)의 돌연변이종이다. 생두의 크기가 작고 풍부한 신맛과 약간의 떫은맛을 가지고 있다.
카투아이 (Catuai)	문도 노보와 카투라의 인공교배종이다. 체리가 노란색인 Catuai Amarello, 붉은색인 Catuai Vermelho 품종이 있다.
마라고지페 (Maragogype)	브라질에서 발견된 Typica의 돌연변이종이다. 생두가 매우 커서 코끼리 빈이라고도 부른다. 중남미에서 주로 재배되며 카페인 함량이 낮은 편이다.
HdT (Hibrido de Timor)	동티모르 섬에서 발견된 아라비카와 로부스타의 자연교배종이다. 커피녹병에 강하여 저항성 향상을 위해 개발된 품종이다.
카티모르 (Catimor)	HdT와 카투라의 교배종이다. 조기수확이 가능하며, 다수확을 할 수 있는 품종이다.
켄트 (Kent)	아라비카종의 변종으로 인도 고유의 품종이다. 커피녹병에 강하고 생산성이 높다.

2) 로부스타

아프리카 콩고가 원산지인 로부스타종은 코페아 카네포라(Coffea Canephora)의 대표 품종이다. 로부스타종은 전 세계 생산량의 30% 정도를 차지한다. 카페인 함량이 많고 쓴맛이 강하며 향은 다소 부족하다. 그래서 인스턴트커피 재료나 블렌딩 재료로 많이 쓰인다. 하지만 아라비카종보다 병충해와 질병에 대한 저항력이 강해서 재배하기가 쉽다.

아라비카와 로부스타의 품종비교

구분	아라비카	로부스타
원산지	에티오피아	콩고
주요 생산국가	아프리카, 브라질	인도네시아, 베트남
생산량	70%	30%
연 평균기온	15~24℃	24~30℃
고도	800~2,000m	700m 이하
강수량	1,500~2,000mm	2,000~3,000mm
일조량	1,900~2,200시간/연	
병충해	병충해에 약하고 수확량이 적음	병충해에 강하고 수확량이 많음
체리 숙성기간	6~9개월	9~11개월
원두 모양	타원형, 납작, 깊은 홈	타원형에서 원형
나무높이	5~6m	4~8m
카페인	평균 1.4%	평균 2.2%
향미	향미가 우수하고 신맛이 좋음	향미가 약하고 쓴맛이 강하나 바디감이 우수함
용도	원두커피	인스턴트커피

3) 리베리카

아프리카 라이베리아(Liberia)가 원산지이다. 아라비카와 로부스타에 비해 병충해에 강하고 적응력이 뛰어나 재배가 쉽다. 해발 100~200m의 저지대에서도 잘 자란다. 향미가 낮고 쓴맛이 강해 품질이 좋지 않다. 주로 자국 내에서 소비되고 있다.

3. 커피의 재배와 수확

커피는 적도를 중심으로 남위 25°에서 북위 25° 사이의 열대, 아열대 지역에서 자란다. 일명 커피벨트(Coffee Belt)라고 불리는 지역이다. 커피는 기후, 강우량, 토양조건, 고도 등에 가장 큰 영향을 받는다.

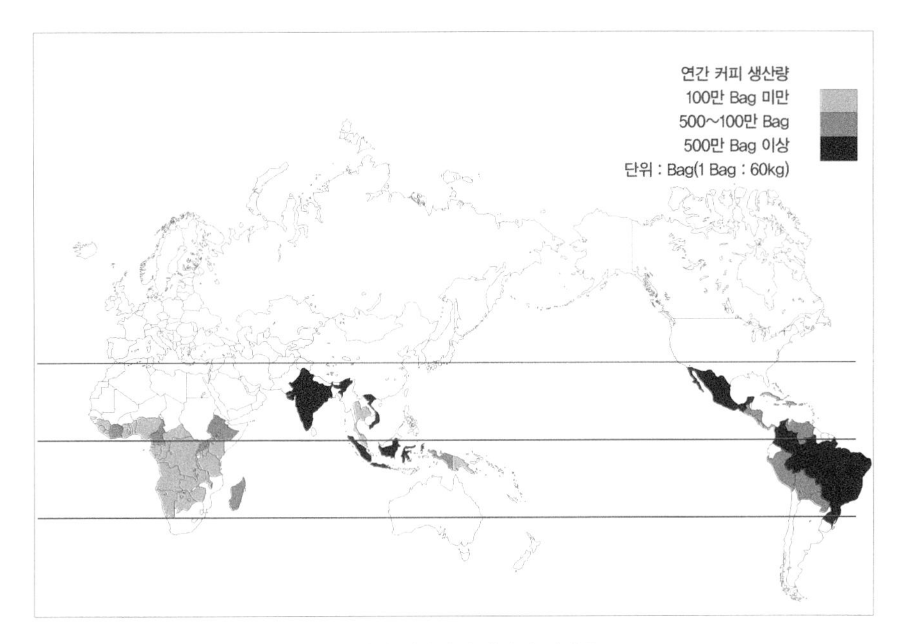

북회귀선과 남회귀선 사이의 커피벨트

1) 커피의 재배조건

아라비카종은 까다로운 생육조건을 가지고 있다. 연 평균기온은 15~24℃ 정도가 적합하며 서리가 내리지 않는 지역이어야 한다. 또 일교차가 최대 19℃를 넘지 않아야 한다. 기온이 25℃ 이상이면 광합성활동이 위축되고, 30℃가 넘으면 엽록소가 파괴되어 제대로 결실을 거두지 못하게 된다.

커피가 자라고 열매를 맺는 데 가장 이상적인 연간 강우량은 아라비카가 1,500~2,000㎜, 로부스타는 2,000~3,000㎜ 정도이다. 과도한 강우량은 개화시기의 꽃에 피해를 입히고, 토양침식이나 수확된 커피의 건조를 늦추게 한다. 커피경작에 적합한 토양은 배수가 잘되고, 미네랄이 풍부한 화산재 토양이다.

커피 열매의 수확을 위하여 적당한 일조량은 연간 1,900~2,200시간이다. 강력한 햇볕은 커피나무의 광합성활동을 위축시키므로 적당한 그늘을 만들어주는 차광나무(Shade Tree)를 심기도 한다. 커피 열매는 고지대에서 생산될수록 보다 단단하고 밀도가 높아 향미가 좋다. 특히, 신맛은 고도가 높아짐에 따라 좋아진다. 실제 거래에서도 고도에 따라 등급이 결정되고, 가격도 높이 평가된다.

2) 커피의 성장과정

커피 씨앗을 심은 후 50~60일이 지나면 싹이 튼다. 발아 후 약 1년이 지나면 50~70cm 정도로 성장한다. 3년이 지나면 다량의 수확이 가능할 정도로 자란다.

커피나무의 크기는 품종이나 자연환경, 관리상태에 따라 달라진다. 야생에서는 10m 이상까지 자라기 때문에 필요 이상의 영양분을 소모하여 빨리 노쇠할 수 있다. 따라서 5~7년 주기로 가지치기를 해서 2~3m 정도로 유지시켜야 수확의 편의와 안정된 수확량을 확보할 수 있다.

커피꽃은 잎이 붙어 있는 줄기 사이의 겨드랑이에 군생해서 핀다. 개화는 나무를 심고 2~3년 정도 지나면 시작되며, 흰색으로 재스민

(Jasmine)향이 난다. 꽃잎은 5장이고 수술은 5개, 암술은 1개로 구성되어 있다. 가루받이 후 꽃은 시들고 열매가 맺힌다. 커피의 열매는 체리라고 부른다. 익기 전에는 초록색이나 익으면서 지름 약 1.5cm 크기의 빨간색으로 변한다.

커피나무의 성장과정

① 비옥한 흙과 비료를 섞어 묘판을 만들고 내피상태의 커피종자(파치먼트)를 뿌린다.
② 종자를 뿌린 뒤 50~60일 정도 지나면 싹이 돋고, 20~30일이 경과하면 떡잎이 나온다.
③ 파종하고 나서 약 5개월이 경과한 묘목은 나무의 모습을 갖춰가기 시작한다.
④ 종자를 뿌린 후 약 10개월이 지나면 농원으로 이식한다.
⑤ 종자를 파종하고 나서, 약 1년 후에는 최초의 꽃이 피고 열매도 조금 열린다.
⑥ 3년이 지나면 다량의 수확이 가능할 정도로 자란다.

3) 커피의 수확

커피체리가 다 익고 나면 수확이 시작된다. 커피의 수확기와 재배횟수는 지리적인 위치에 따라 다른데 한 해에 한 번 수확하는 것이 일반적이다. 우기와 건기의 구별이 뚜렷할 경우 북반구에서는 10~2월까지, 남반구에서는 6~10월까지가 주된 수확기이다. 콜롬비아나 케냐처럼 우기와 건기의 구별이 뚜렷하지 않은 나라에서는 1년에 두 번의 개화기가 있어 수확도 2번 이뤄진다. 연중 비가 내리는 적도 부근의 나라는 일 년 내내 수확이 가능하다. 수확하는 방식은 농장의 상황에 따라 기계나 사람의 수작업으로 이루어진다.

(1) 핸드피킹(Hand Picking)

잘 익은 커피체리만을 선별하여 손으로 직접 골라서 따는 방식이다. 주로 기계수확이 불가능한 고산지대나 습식가공커피를 생산하는 국가에서 사용하는 방법이다. 커피의 품질은 우수하나 비용이 많이 드는 단점이 있다.

(2) 스트리핑(Stripping)

커피나무의 줄기를 따라 손으로 훑어서 한번에 수확하는 방법이다. 커피나무에 손상을 주며 나뭇잎이나 나뭇가지 등의 이물질이 섞일 가능성이 많다. 품질은 균일하지 않지만 핸드피킹에 비해 대량수확이 가능하다.

(3) 기계수확(Mechanical Harvesting)

커피나무에 진동을 주어 커피체리를 떨어뜨리는 방법이다. 나무의 키와 폭에 따라 조절이 가능한 기계를 사용하는데 경작지가 평평하고 나무 사이의 간격이 넓은 브라질에서 주로 사용되고 있다. 선별 수확이 어렵고 사용할 수 있는 지역이 한정적이다.

커피 수확방법

수확방법	특징
핸드피킹	• 잘 익은 커피체리만을 일일이 사람 손으로 수확하는 방법 • 커피 품질이 우수하지만 인건비가 많이 듦 • 습식법을 사용하는 국가에서 사용
스트리핑	• 커피나무의 줄기를 따라 손으로 훑어서 한번에 수확하는 방법 • 품질은 균일하지 않지만 핸드피킹에 비해 대량수확이 가능 • 건식법을 사용하거나, 로부스타를 생산하는 국가에서 사용
기계수확	• 커피나무에 진동을 주어 커피체리를 떨어뜨리는 방법 • 선별 수확이 어렵고 사용할 수 있는 지역이 한정적임 • 인건비가 비싼 브라질, 하와이에서 사용

커피체리

커피꽃이 떨어지면 그 자리에 열매를 맺게 된다. 커피 열매가 익으면 빨갛게 된다. 그래서 흔히 커피나무 열매를 '커피체리(Cherry)'라고 부른다.

일반적으로 이 열매 안에는 두 개의 씨가 들어 있다. 이를 생두(生豆, Green Beans)라고 한다. 이 생두를 볶으면 원두가 되는 것이다. 하지만 변종으로 생두가 1개 만들어지는 경우도 있다. 이것을 피베리(Pea-berry)라고 부른다.

생두는 외과피(Outer Skin)에 해당하는 겉껍질을 벗기면 중과피에 해당하는 약 2㎜ 두께의 점액질 과육이 있다. 이를 펄프(Pulp)라고 한다. 그 안에서 생두를 감싸고 있는 단단한 껍질의 내과피가 파치먼트(Parchment)이다. 내과피 각각의 생두를 감싸고 있는 얇은 막을 은피(Silver Skin)라고 부른다. 은피는 생두를 감싸고 있는 또 하나의 껍질로 로스팅할 때 생두의 팽창과 함께 벗겨진다. 생두의 가운데 홈은 센터컷(Center Cut)이다.

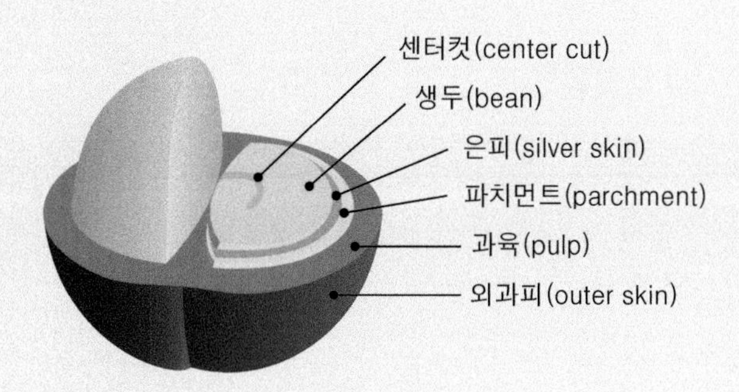

커피체리의 구조

1. 커피존 또는 커피벨트는 어디에 위치하는가?
2. 커피체리의 구조를 설명하시오.
3. 커피의 수확방법에는 무엇이 있는가?
4. 커피품종의 3대 원종과 변종은 무엇인가?

4. 커피의 가공

가공이란 커피 열매에서 껍질과 과육을 제거하여 생두를 분리해 내는 것을 말한다. 가공방식은 크게 건식법, 습식법, 반습식법으로 분류한다. 이는 지역적인 여건의 습도, 일조량, 물 공급 여부에 따라 결정되며, 커피의 맛과 품질에 큰 영향을 미친다.

1) 건식법 Natural Coffee

커피 열매를 말린 뒤 기계로 껍질을 벗겨내는 방법이다. 커피 열매를 먼저 햇빛이나 기계로 건조한다. 이때 주의할 점은 커피 열매가 건조과정에 발효되지 않도록 하는 것이다. 수분이 약 11~13% 정도 될 때까지 건조되면 외곽이 갈색으로 변하고 쉽게 부스러진다. 건조된 커피 열매의 외곽 3개 층을 기계로 동시에 제거한다. 이 경우 불량원두나 이물질이 혼입될 가능성이 높다.

작업이 단순하기 때문에 노동력과 비용을 절감할 수 있지만 품질이 낮고 생두 표면이 고르지 못한 단점이 있다. 습식가공에 비해 생산지의 토질감과 바디가 풍부한 것이 특징이며, 주로 물이 부족하고 햇볕이 좋은 지역에서 이용된다. 특별한 설비가 필요 없는 가장 전통적인 방법이다.

- 장점 : 정제시설이 필요 없고 공정이 간단하다.
- 단점 : 커피 열매의 수분이 11~13% 정도 될 때까지 건조시켜야 한다.

2) 습식법 Washed Coffee

커피 열매를 물속에서 발효하여 껍질과 과육을 벗겨내고 파치먼트 상태에서 건조하는 방법이다.

먼저 외피층을 기계로 제거한다. 외피가 제거된 커피 열매와 효소를 함께 물속에 담가 자주 저어준다. 펄프층은 당도가 매우 높은 과육으로 구성되어 있어 온도만 적당하면 발효가 진행되는데, 효소는 발효를 가속화한다. 발효가 진행되면 펄프층은 제거하기 쉬운 상태로 변한다. 물로 발효된 펄프층을 씻어낸다. 펄프 제거하는 과정을 펄핑(Pulping)이라 부른다. 펄핑이 완료된 열매를 수분이 11~13% 정도 될 때까지 건조시킨다. 건조된 커피 열매의 파치먼트층을 기계로 제거하고 최종적으로 불량을 선별한다. 이 방법의 경우 펄핑과정에서 많은 부분의 불량이나 이물질이 제거되기 때문에 건식법보다 불량이나 이물질의 혼입률이 매우 적다.

건조는 건식법과 유사한데 대규모 농장에서는 열풍기나 대형 건조장을 사용한다. 건식법에서는 건조 후 생두를 분리하지만, 습식법에서는 커피 열매에서 생두를 분리해 낸 후 건조한다는 차이가 있다. 따라서 건식법에 비해 많은 비용이 들지만 좋은 품질의 커피를 얻을 수 있다. 일정한 설비와 기계, 풍부한 물이 필요한 방법이다.

- 장점 : 과육과 파치먼트를 분리하기까지 두 단계의 선별이 이루어져 정제의 순도가 높다.
- 단점 : 물을 많이 사용하기 때문에 환경이 오염된다.

3) 반습식법 Semi Washed Coffee

습식법을 간소화한 방식이다. 커피 열매를 물에 가볍게 씻은 후 기계로 껍질과 과육을 벗겨내고 수분이 11~13% 정도 될 때까지 건조시킨다. 습식법과 달리 발효과정이 일어나지 않지만 깔끔한 맛을 느낄 수 있다. 이 방식은 수조에서 점액질을 분해하는 발효공정이 없기 때문에 정제시간이 단축되고 물을 적게 사용하므로 친환경적인 가공방식이다. 환경보호 기준이 엄격한 코스타리카에서는 대부분 이 방식으로 커피 열매를 가공하고 있다. 환경보호나 효율성 측면에서 장점이 많아 세계적으로 확대되는 추세이다.

커피 농장의 파티오

- 장점 : 발효공정이 없기 때문에 효율적이고, 물의 사용량이 적어 친환경적이다.
- 단점 : 시간이 지나면 바디감이 약해지는 경향이 있다.

커피의 주요 성분과 효능

커피의 주요 성분은 카페인과 클로로겐산(Chlorogenic Acid)이다. 카페인은 중추신경계에 자극을 주어 정신을 맑게 해주고 이뇨작용을 통해 체내 노폐물을 제거해 준다. 클로로겐산은 커피 속에 다량 포함되어 있는 폴리페놀 화합물의 일종이며, 커피콩 특유의 착색 원인물질이다. 생체 내에서 과산화지질의 생성 억제효과, 콜레스테롤 생합성 억제효과 및 항산화작용, 항암작용 등의 효과가 있다.

5. 생두의 선별과 분류

1) 생두의 선별

맛있는 커피는 양질의 생두에서 나온다. 건조가 끝난 생두는 크기, 밀도, 함수율, 색깔 등에 따라 등급이 구분된다. 일반적으로 생두의 크기가 크고, 밀도가 높으며, 10~12% 정도의 함수율을 지닌 밝은 청록색의 생두가 고급품이다. 생두의 함수율은 건조상태와 관계가 깊다. 따라서 통풍이 잘되는 상태에서 보관하는 것이 중요하다. 습하고 통풍이 잘 안 되는 장소에 보관하면 곰팡이가 끼고 부패하게 된다.

2) 생두의 분류

커피는 국가별로 정해진 기준에 따라 분류한다. 크게 생두의 크기, 재배고도, 결점두 등의 3가지 기준에 의한다. 그러나 미국스페셜커피협회(SCAA : Specialty Coffee Association of America)에서는 국가별 기준이 아닌 자체 기준이다.

(1) 생두의 크기에 따른 분류

생두는 크기가 클수록 높은 등급으로 분류된다. 스크린(Screen)이라는 구멍이 뚫린 판 위에 생두를 올리고 흔들어서 밑으로 빠지게 하는 방법을 사용한다. 1 Screen은 1/64 inch(약 0.4㎜)이다.

1 스크린 사이즈(Screen Size) = 1/64인치(약 0.4mm)

생두의 크기 분류표

스크린 No.	크기(mm)
10	3.97
11	4.37
12	4.76
13	5.16
14	5.55
15	5.95
16	6.35
17	6.75
18	7.14
19	7.54
20	7.94

스크린 사이즈가 17 이상인 콜롬비아의 수프레모(Supremo), 케냐의 더블에이(Kenya AA)가 커피의 최고등급이다.

국 가	등 급	기 준(1 Screen = 0.4㎜)
콜롬비아	Supremo(수프레모) Excelso(엑셀소)	Screen Size 17 이상 Screen Size 14~16
케냐	AA AB	Screen Size 18 Screen Size 15~16
탄자니아	AA A	Screen Size 18 이상 Screen Size 17 이상~18 이하
하와이	Kona Extra Fancy Kona Fancy	Screen Size 19(결점두, 10개 이내) Screen Size 18(결점두, 16개 이내)

(2) 재배고도에 따른 분류

생두의 밀도는 생산지의 고도와 관계가 있다. 일반적으로 지대가 높으면 일교차가 심하다. 햇볕이 뜨거운 낮에는 생두가 커지기 위해 팽창하고, 밤이 되어 기온이 내려가면 수축한다. 이와 같은 현상이 반복되면 생두의 밀도가 높아지고 단단해진다. 밀도가 높을수록 향과 맛이 풍부해진다. 일반적으로 1,200m 이상의 고지대에서 재배된 생두는 고급으로 분류한다.

국 가	등 급		고 도(m)
과테말라	SHB HB	Strictly Hard Bean Hard Bean	해발 1,400m 이상 해발 1,200~1,400m
코스타리카	SHB GHB	Strictly Hard Bean Good Hard Bean	해발 1,200~1,650m 해발 1,100~1,250m
멕시코	SHG HG	Strictly High Grown High Grown	해발 1,700m 이상 해발 1,000~1,600m
온두라스	SHG HG	Strictly High Grown High Grown	해발 1,500~2,000m 해발 1,000~1,500m

(3) 결점두 수에 따른 분류

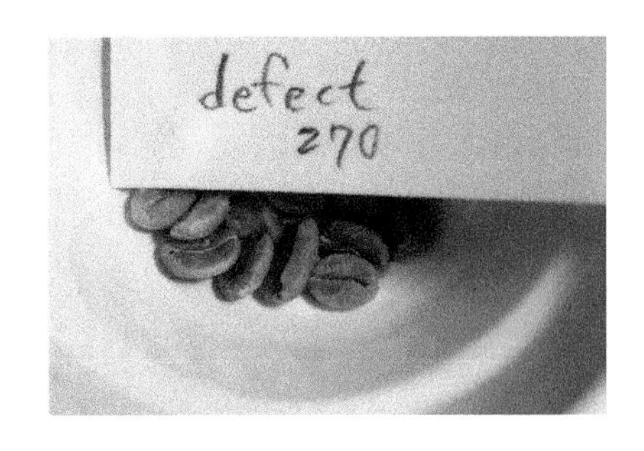

생두에 포함되어 있는 결점두[defect bean : 생두 중에 결함이 있는 콩을 말함. 커피의 수확, 가공, 건조, 보관 등의 전 과정에서 발생함. 결점두의 종류와 명칭은 지역이나 국가, 단체 등에 따라 상이함]의 숫자에 따라 등급을 부여한다. 생두 300g을 기준으로 결점두 수가 적을수록 등급이 높게 분류된다. 결점두는 커피의 풍미에 좋지 않은 영향을 주므로 커핑이나 로스팅 전에 선별해야 한다.

국 가	등 급	결점두(생두 300g당)
에티오피아	Grade 1~Grade 8	3~340개
브라질	No. 2~No. 6	4~86개
인도네시아	Grade 1~Grade 6	11~225개

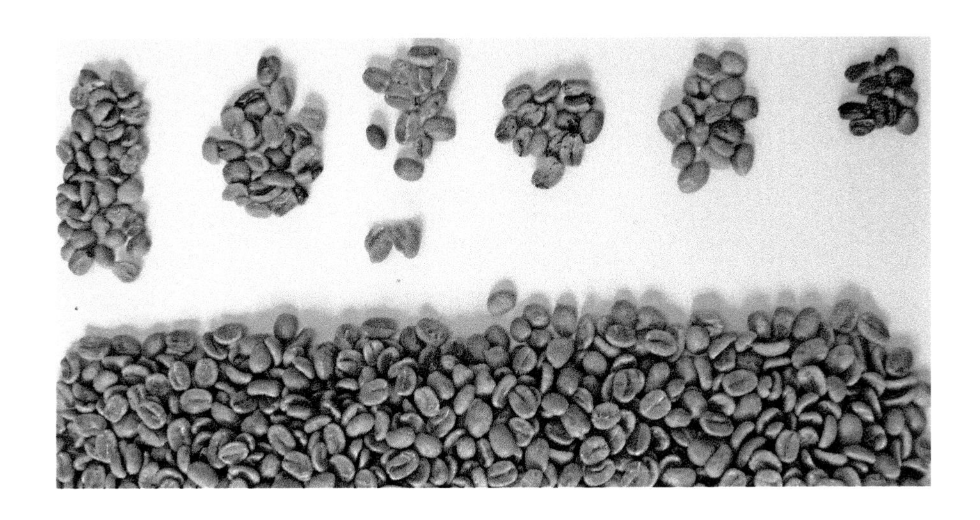

(4) SCAA 분류

일반적인 샘플링은 300g의 생두를 가지고 한다. 하지만 SCAA[Specialty Coffee Association of America(미국스페셜커피협회) : 커피의 기준을 만들고 관련 대회와 전시회를 개최하는 비영리단체] 분류는 350g의 샘플을 가지고 평가한다. 결점두 수와 커핑테스트(Cupping Test)를 통해 맛과 향까지 평가하는데 다음과 같은 등급으로 분류한다.

미국스페셜커피협회 기준법

등급	등급명칭	결점두 수	커핑테스트
Class 1	Specialty Grade	0~5	90점 이상
Class 2	Premium Grade	0~8	80~89
Class 3	Exchange Grade	9~23	70~79
Class 4	Below Standard	24~86	60~69
Class 5	Off-Grade	86 이상	50~59

자료 : 기초 커피바리스타, 형설출판사, 2008.

6. 커피 로스팅

로스팅[Roasting : 로스팅과 '배전(焙煎)'은 같은 의미로 '커피 볶기'라는 뜻임. 일본어 'ばい-せん(焙煎, 바이센)'의 한자식 표기]이란 생두를 볶아 원두로 변화시키는 과정을 말한다. 생두를 볶기 시작하면 열분해가 일어나 수분이 줄어들고, 부피가 커지면서 물리·화학적 변화가 일어난다. 생두는 커피의 고유한 맛과 향을 가지고 있지 않으므로 생두에 열을 가하면 세포조직이 파괴되면서 그 안에 있던 여러 가지 성분(지방, 당분, 카페인, 유기산) 등이 방출되어 맛과 향이 나게 된다.

커피는 볶는 과정에서 수분이 방출되기 때문에 20% 정도의 무게가 감소한다. 반대로 부피는 50% 정도 증가하게 된다. 부피의 증가는 커피의 추출농도와 밀접한 관계가 있는데 부피의 증가가 클수록 추출농도가 진해진다. 우리가 마시는 커피는 세 가지 공정의 로스팅, 분쇄, 추출과정을 거쳐야만 한다. 이 중에서도 로스팅은 커피의 고유한 맛과 향이 생성되는 핵심 공정이다.

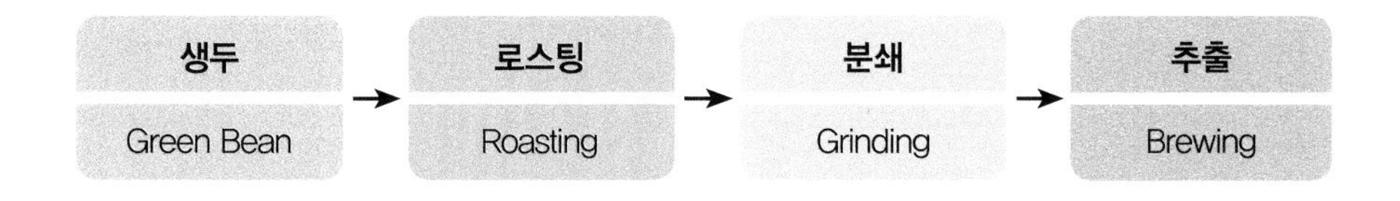

커피의 맛은 원산지, 품종, 함수율, 밀도 등에 따라 로스팅 조건이 다르다. 커피의 특성을 파악하여 볶아내기 위해서는 많은 경험과 숙련이 필요하다. 동일한 커피를 볶아도 시간이나 온도의 조건에 따라 맛은 상당히 달라진다. 예를 들어, 로스팅 시간이 길어질수록 신맛은 약해진다. 이는 커피에 있는 유기산이 많이 분해되기 때문이다. 또 높은 온도에서 단시간에 커피를 볶으면 겉부분이 먼저 타들어가 탄맛이 강해진다. 지나치게 낮은 온도에서 장시간 볶으면 생성된 휘발성의 향이 손실된다.

1) 커피의 성분

커피 생두는 다양한 성분들로 구성되어 있다. 주요 성분은 수분, 카페인, 단백질, 지방, 당질, 섬유질, 회분, 타닌 등이다. 각 성분의 비율은 품종과 생산지역, 재배환경에 따라 조금씩 다르다. 생두의 성분 중에서 30% 내외의 가장 큰 비중을 차지하는 당질은 설탕이나 포도당과 같이 열을 가하면 캐러멜로 변하면서 커피색을 낸다. 이것은 향기와 감칠맛을 증대시키는 작용을 한다.

지방은 커피의 향과 깊은 관계가 있는 성분으로 12~16%가 들어 있다. 커피의 신맛을 결정하고 공기에 접촉하면 화학반응을 일으켜 커피 맛의 변화를 가져온다. 커피 속에는 몇 개의 성질이 다른 지방성분이 함유되어 있는데, 그중의 하나가 지방산이며, 이는 포화지방산의 팔미트산(Palmitic Acid)과 스테아르산(Stearic Acid), 불포화지방산의 올레산(Oleic Acid)과 리놀레산(Linoleic Acid) 등이다.

카페인(Caffeine)은 커피의 특성을 결정하는 가장 중요한 성분이다. 함유량은 1.3% 내외의 소량에 불과하지만 흥분과 각성, 이뇨, 진통 등의 의약적 효과가 있으며 특히 정신을 맑게 하고 기분이 좋아지는 작용을 한다.

커피의 독특한 쓴맛은 타닌(Tannin)에서 비롯되는데, 보통 3~5% 들어 있다. 타닌은 대개 하급품일수록 함유량이 많다. 지나치게 볶거나 달이면 용출량이 증가하여 쓴맛이 더 강해지고, 침출시간이 길면 타닌이 분해되어 피로갈롤(Pyrogallol)이란 성분이 생기면서 풍미를 급속하게 떨어뜨리게 된다.

향기성분은 생두를 볶는 과정에서 생기는 카페놀과 에테르성분으로 휘발성이 있어 분쇄 후 내버려두면 약 2주일 만에 없어진다.

2) 로스팅 과정

로스팅이 제대로 이루어지지 못한 원두는 색깔이 고르지 못하고 얼룩이 지게 된다. 이런 원두로 커피를 추출하면 떫거나 거친 맛을 내기 때문에 좋은 평가를 받기 힘들다. 따라서 로스팅은 커피 가공과정에서 가장 중요한 부분으로 커피 고유의 맛과 향의 정도를 결정짓는 핵심 공정이다. 로스팅 과정은 크게 아래의 세 단계로 나뉜다.

(1) 건조 단계(Drying Phase)

생두의 수분이 열에 의해 증발되는 단계이다. 콩 내부의 온도가 물의 끓는 점(100℃)에 도달할 때까지 일어난다. 이 단계에서 생두의 색상은 본래의 녹색을 잃고 밝은 노란색으로 변한다. 향은 생콩냄새에서 풋내를 거쳐 빵냄새를 풍기게 된다. 커피콩의 수분은 함수율에 따라 70~90%까지 소실된다.

(2) 로스팅 단계(Roasting Phase)

본격적인 로스팅 단계로 두 번의 크랙[Crack : 균열. 커피의 내부와 외부가 균열을 일으키면서 '탁' 튀는 소리를 말함. 팝핑(Popping)이라고도 함]이 발생하며 콩의 부피는 증가하고 조직은 부서지기 쉬운 다공성 상태로 바뀐다. 또한 메일라드반응[Maillard Reaction : 아미노산의 아미노(Amino)기와 환원당의 카르보닐(Carbonyl)기가 축합하는 초기 · 중간 · 최종 단계를 거쳐 새로운 물질이 만들어지는 현상. 예를 들어, 오븐에서 빵을 구울 때 빵의 노출된 겉부분은 뜨거운 열에 메일라드반응을 일으켜 갈색으로 변하고 구수한 맛을 냄] 물질의 착색에 의해 색상은 점차 짙은 갈색으로 변한다. 이 단계에서 커피 본연의 향과 맛이 발현된다.

(3) 냉각 단계(Cooling Phase)

마지막 냉각 단계는 커피를 식히는 과정이다. 이미 커피콩 내부의 온도는 계속해서 올라가는 단계이다. 이 단계의 핵심은 더 이상 커피콩 내부의 온도가 올라가지 않도록 순간적으로 100℃ 이하로 낮추는 것이다. 냉매나 물 혹은 공기를 이용한다. 물은 공기보다 냉각효과가 더 좋으나 물의 양이 많으면 커피에 흡수되므로 주의해야 한다.

3) 로스팅 방식

로스팅은 열을 전달하는 방식에 따라 직화식, 열풍식, 반열풍식으로 구분한다. 직화식은 드럼 표면에 직접 열을 전달하는 방식이다. 열풍식은 드럼 내외부에 화력이 직접 공급되지 않고, 고온의 열풍만을 사용하는 방식이다. 반열풍식은 직화식과 열풍식을 혼합한 형태로 드럼 표면에 직접 열량을 공급함과 동시에 드럼 후면에 있는 미세한 구멍을 통해 뜨거운 열풍도 함께 전달하는 방식이다.

(1) 직화식(直火式)

커피를 볶는 드럼에 미세한 구멍이 뚫어져 있는 형태로 불이 내부 드럼에 100% 영향을 미치는 방식이다. 열이 직접 공급되어 불을 조절해서 볶기 때문에 개성 있는 커피 맛을 만들 수 있지만 생두가 타버릴 위험이 있다. 초보자보다는 전문가들이 사용하기에 적합하다.

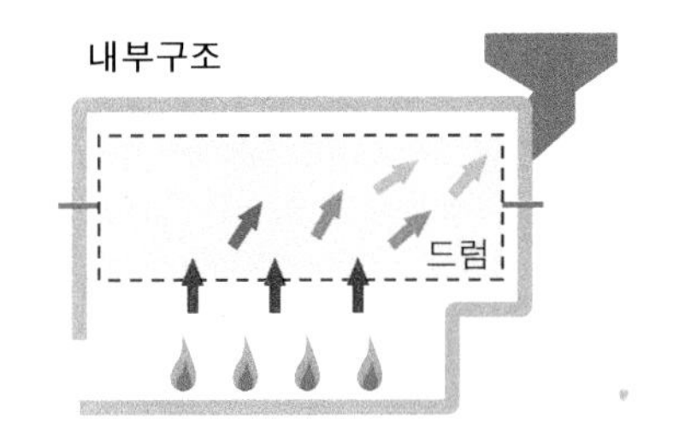

(2) 열풍식(熱風式)

드럼 내외부에 화력이 직접 공급되지 않고, 고온의 열풍만을 사용하는 방식이다. 순수한 열풍만을 이용하므로 단시간에 균일한 로스팅을 할 수 있다. 대량생산 공정에 주로 사용된다.

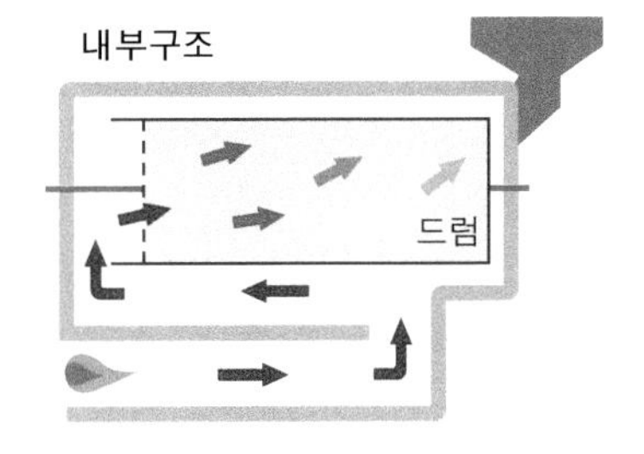

(3) 반열풍식(半熱風式)

반열풍식은 직화식과 열풍식을 혼합한 형태로 드럼 표면에 직접 열을 공급함과 동시에 드럼 후면에 있는 미세한 구멍을 통해 뜨거운 열풍도 함께 전달한다. 안정적인 커피의 맛과 향을 표현할 수 있으며, 원두의 색을 균일하게 만들 수 있다.

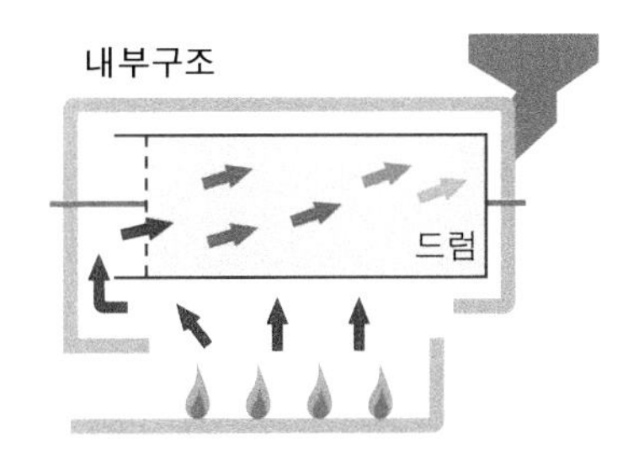

4) 로스팅 단계

로스팅은 커피 가공과정에서 가장 중요한 부분으로 커피 고유의 맛과 향을 결정짓는 핵심 공정이다. 원두는 로스팅 정도에 따라 맛이 달라진다. 색이 밝을수록 신맛이 강하고, 색이 어두울수록 쓴맛이 더해진다. 우리나라에서는 8단계의 보편적인 기준이 적용되고 있다.

(1) 라이트 로스팅(Light Roasting, 최약배전)

로스터에 투입한 생두가 열을 흡수하면서 수분이 빠져나가기 시작하는 초기 단계이다. 이 단계의 원두로 커피를 추출하면 커피 본래의 쓴맛, 단맛, 깊은 맛을 느끼기 어렵다. 원두는 황색으로 변한다.

(2) 시나몬 로스팅(Cinnamon Roasting, 약배전)

생두의 은피(Silver Skin)가 왕성하게 제거되기 시작한다. 뛰어난 신맛을 갖는 원두이며 그 신맛을 즐기고 싶다면 이 단계의 원두가 최적이다. 원두는 황갈색으로 변한다.

(3) 미디엄 로스팅(Medium Roasting, 중약배전)

신맛이 강하고 쓴맛이 가미된 단계로 아메리칸 스타일의 커피에 적합하다. 빠르고 쉽게 추출해서 식사 중에 마시는 초기 단계의 커피이다. 아메리칸 로스트(American Roast)라고도 한다. 원두는 담갈색으로 변한다.

(4) 하이 로스팅(High Roasting, 중배전)

신맛이 엷어지고 단맛이 나기 시작한다. 가장 일반적인 단계로 갈색의 커피가 된다. 최근에는 하이 로스팅 단계가 핸드 드립용으로 많이 사용되고 있다.

(5) 시티 로스팅(City Roasting, 강중배전)

균형 잡힌 맛과 강한 느낌의 향미가 느껴진다. 맛과 향이 대체로 표준이며, 저먼 로스트(German Roast) 단계라고도 한다. 원두는 진한 갈색으로 변한다.

(6) 풀시티 로스팅(Full City Roasting, 약강배전)

신맛은 거의 없어지고, 쓴맛과 진한 커피 맛이 정점에 올라서는 단계로 에스프레소 커피 표준으로 많이 채택된다. 크림을 가미하여 마시는 유럽 스타일의 커피에 적합하다. 원두는 진한 암갈색으로 변한다.

커피 로스팅에 따른 분류

(7) 프렌치 로스팅(French Roasting, 강배전)

커피의 쓴맛, 진한 맛에 중후한 맛이 강조된다. 표면에 기름기가 돌기 시작하는 단계로 원두는 검은 흑갈색으로 변한다. 프랑스에서 선호하는 진한 원두로 아이스커피에 주로 사용한다.

(8) 이탈리안 로스팅(Italian Roasting, 최강배전)

쓴맛과 진한 맛이 최대치에 달하고 원두에 따라 타는 냄새가 나는 경우도 있다. 과거에는 에스프레소 커피로 많이 선호되었으나 점차 줄어드는 경향을 보이고 있다.

에이징 커피 Aging Coffee

커피 생두를 장기간 숙성시켜 개성 있는 맛과 향을 가진 커피로 만든 것을 말한다. 별도의 보관시설에서 보통 2~3년 정도 숙성시키며, 10년 이상 장기간 숙성시키기도 한다. 에이징 커피의 대명사는 인도 몬순 말라바 AA(Indian Monsoon Malabar AA)커피다. 인도 말라바르 지역의 해발 1,000~2,000m에서 재배되는 아라비카종으로, 몬순기(Monsoon Season)에서 따온 이름이다.

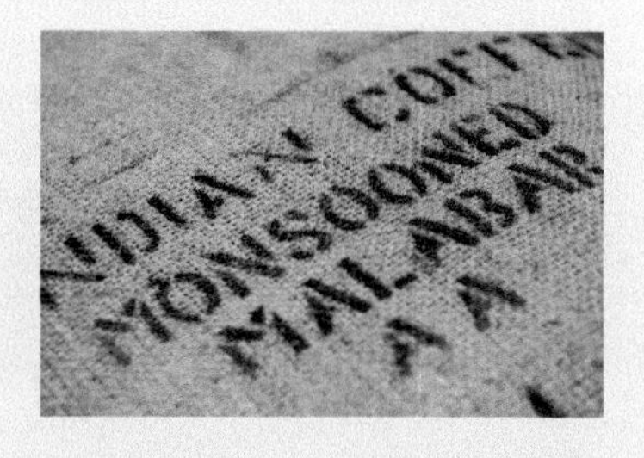

5) 로스팅 후의 성분 변화

생두 자체에는 커피의 맛과 향기가 없다. 생두를 가열처리(Roasting)해서 커피의 독특한 맛과 향을 가진 원두커피가 만들어진다. 로스팅은 220~230℃의 열을 가하여 생두의 내부 조직에 물리적 · 화학적 변화를 일으킴으로써 커피 특유의 맛과 향을 가진 원두를 만들 수 있다.

(1) 물리적 변화

로스팅이 시작되면 생두는 외형변화가 나타난다. 내압으로 부피가 커지고 수분이 증발하여 무게가 감소하는 물리적인 변화가 일어난다.

- 생두의 수분함량은 12% 내외에서 1%미만으로 감소한다.
- 생두의 수분이 증발되어 무게가 12~20% 정도 감소한다.
- 생두는 열을 가하면 조직의 팽창으로 최대 50% 정도까지 커진다.

(2) 화학적 변화

생두는 열에 의해서 내부의 고유성분들이 화학적 반응을 일으켜 커피의 맛과 향이 만들어진다. 그 가운데 커피의 맛을 결정짓는 대표적인 것이 메일라드(Maillard, 갈변)반응이다.

- 생두는 당분, 지질, 아미노산을 포함하고 있다. 생두 내의 당분과 아미노산이 열로 인해 결합하면서 갈색으로 변하고 커피의 독특한 맛과 향을 낸다.
- 생두의 색상이 녹색에서 노란색, 옅은 갈색, 진한 갈색으로 변한다.
- 볶는 온도에 따라 커피의 맛도 달라진다. 즉 가볍게 볶으면 신맛이 강한 커피가 되고, 강하게 볶으면 쓴맛이 강한 커피가 된다.

7. 블렌딩과 그라인딩

커피의 맛과 향은 커피콩의 품질과 로스팅에 의해 결정된다고 해도 과언이 아니다. 하지만 스트레이트 커피에 없는 다양한 맛과 향기는 블렌딩을 통해 완성된다고 할 수 있다. 로스팅한 원두를 드립퍼(Dripper)나 에스프레소 기계에 넣어 추출하기 전, 분쇄하는 과정을 거쳐야 하는데 이를 그라인딩(Grinding)이라고 한다. 그라인딩은 에스프레소 추출에 있어 매우 중요한 부분이다. 커피 입자의 크기와 투입량을 결정해 주기 때문이다. 그라인더의 입자조절을 어떻게 하느냐에 따라 추출시간과 맛이 달라진다.

1) 블렌딩

블렌딩(Blending)이란 서로 다른 2가지 이상의 원두를 혼합하여 맛과 향이 상승하는 최상의 조합을 만들어내는 것이다. 블렌딩을 통하여 개별 커피가 가진 약점은 보완하고 장점은 보강해서 더욱 좋은 품질의 커피를 제공하기 위한 것이다. 대개의 경우 2종에서 5종의 원두를 섞으며 너무 많은 종류를 섞는 것은 오히려 좋지 않다. 따라서 다음의 사항을 고려하여 블렌딩하는 것이 좋다.

(1) 각기 다른 나라에서 재배된 커피를 배합한다.

원산지가 서로 다른 맛과 향의 커피를 배합하는 것이다. 일반적으로 2~5가지 종류를 혼합하여 향미의 안정성을 높이는 방식이다.

예) 브라질 산토스 + 콜롬비아 엑셀소 + 인도네시아 자바

(2) 로스팅 단계가 다른 커피를 배합한다.

로스팅 단계가 서로 다른 커피를 배합하는 것이다. 로스팅 정도를 8단계로 분류했을 때 3단계 이상의 차이가 나지 않는 것이 좋다.

예) 브라질 산토스(시티 로스트) + 콜롬비아 수프레모(프렌치 로스트)

(3) 가공방식이 다른 커피를 배합한다.

가공방식에 따라 커피의 맛과 향에 큰 영향을 미친다. 크게 건식법, 습식법으로 분류한다. 이를 이용한 혼합방식이다.

예) 케냐 습식법 + 콜롬비아 습식법 + 브라질 건식법

(4) 품종이 다른 커피를 배합한다.

커피 재배에 영향을 미치는 자연환경의 요소에 따라 커피 맛이 서로 다르다. 이에 따라 서로 다른 품종의 커피를 배합하는 방식이다.

예) 브라질 버번 + 자메이카 티피카

2) 그라인딩

그라인딩(Grinding, 분쇄)이란 원두를 잘게 부수어 표면적을 넓힘으로써 커피의 고형성분이 물에 쉽게 용해되어 추출이 잘 되도록 하기 위한 것이다. 커피를 추출하기 직전에 그라인딩해야 더욱 신선한 커피 맛을 낼 수 있다.

그라인더는 수동, 전동, 에스프레소 등이 있다. 사용하는 그라인더에 따라 커피의 맛과 향이 다르다.

핸들을 돌려서 원두를
분쇄하는 형태

모터를 장착한
전동그라인더

고성능의 에스프레소
전용 그라인더

그라인딩에서 가장 중요한 점은 추출기구의 종류에 따라 커피 입자의 굵기를 조절하는 것이다. 분쇄입자가 가늘수록 커피성분이 많이 추출되며, 입자가 굵을수록 물의 통과시간이 빨라져 커피성분이 적게 추출된다.

따라서 에스프레소와 같이 커피가 물과 접촉하는 시간이 짧을수록 분쇄입자를 가늘게 해주어야 한다. 일반적으로 에스프레소용 커피는 밀가루보다 굵고 설탕보다는 가늘게 간다. 반대로 프렌치 프레스처럼 물과 접촉하는 시간이 길수록 설탕입자 정도로 약간 굵게 해주어야 한다. 따라서 원두가 가진 고유의 향미를 충분히 잘 살린 좋은 커피를 만들기 위해서는 원두의 특성에 맞는 추출기구를 선택하고, 적절한 입자의 크기로 분쇄해야 한다.

추출방식에 따른 분쇄입자의 변화

구 분	미분 분쇄	가는 분쇄	중간 분쇄	굵은 분쇄
입 도	0.3㎜ 이하	0.5㎜	0.5~1.0㎜	1.0㎜ 이상
적 용	에스프레소	사이폰	핸드 드립	프렌치 프레스
추출시간	30sec	1min	3min	4min

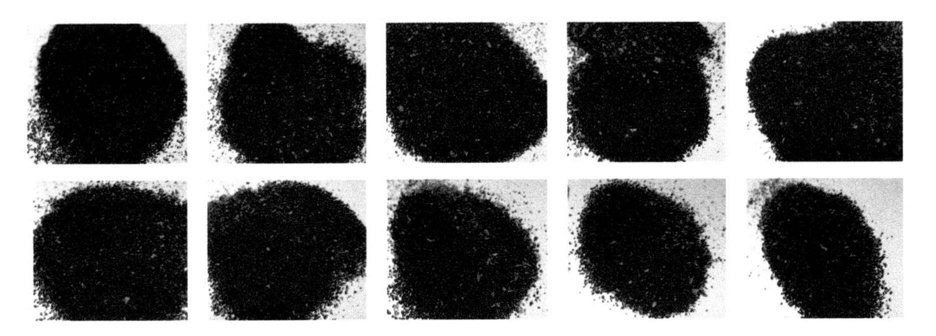

다양한 크기의 분쇄입자

1. 커피 가공방식에서 건식법과 습식법을 비교하시오.
2. 생두의 크기, 재배고도, 결점두 수에 따라 분류하시오.
3. 로스팅 방식과 단계에는 무엇이 있는가.
4. 로스팅 후의 성분 변화에 대하여 설명하시오.
5. 블렌딩의 개념과 방법에 대하여 기술하시오.
6. 추출방식에 따른 분쇄입자의 변화를 설명하시오.

서스테이너블 커피(Sustainable Coffee)

커피는 석유 다음으로 거래량이 활발한 품목으로 작황상태에 따라 가격의 폭락과 폭등이 심하다. 따라서 대부분의 빈민국인 커피재배 농가는 선진국의 커피 확보를 위한 원조 또는 투자라는 명목하에 불평등한 종속관계에 놓이게 되었다. 그래서 커피공급량의 증가와 가격의 폭락, 생산자와 소비자의 자본의 불균형은 물론, 농민들이 굶어 죽어간다는 각성이 환경단체와 시민운동단체들을 중심으로 일어나 커피재배 농가의 삶의 질을 개선하고 환경을 보호하고자 하는 '서스테이너블 커피(Sustainable Coffee)'라는 개념이 생겨나게 되었다.

실천방안으로 공정무역커피(Fair Trade Coffee), 유기농커피(Organic Coffee), 버드프렌드 인증(Bird Friendly Certified), 열대우림동맹(Rainforest Alliance), 에코오케이 커피(Eco-Ok Coffee), 파트너십 커피(Partnership Coffee) 등이 있다.

① 공정무역커피(Fair Trade Coffee)

공정무역커피란 제3세계의 가난한 소규모 커피재배 농가에서 수확한 커피 생두를 공정한 가격에 직매입하여 생산한 커피 제품을 일컫는다. 즉 커피로 인해 발생되는 수익을 농민에게 공정하게 나눠주자는 운동이다. 값싼 아동의 노동력을 이용하지 않고, 품질이 낮은 로부스타를 사용하지 않고, 공정한 규정에 따라 거래되는 커피만이 공정무역커피라는 칭호를 얻을 수 있다.

② 유기농커피(Organic Coffee)

유기농커피는 화학적 농약이나 제초제를 쓰지 않고 오로지 천연 비료만을 사용하며 토양과 수자원, 자연환경을 보호하는 농법으로 재배를 한다. 유기농커피는 반드시 인증받은 농장에서 재배 · 가공되어야 하고, 인증받은 수입업자로부터 구매해서 인증된 로스터에 의해 제품의 완전함을 유지해서 로스팅을 한다.

③ 버드 프렌드 인증(Bird Friendly Certified)

친환경적인 재배를 하므로 각종 새들이 커피나무에 날아와 앉는다는 표현으로 USDA 유기농 기준에 따라 재배되었다는 의미이다. 자연과 같은 환경에서 재배되고 적어도 40% 이상의 커피가 그늘재배되어야 한다. 이는 커피나무 주변에 다른 종의 작물을 심어 새들도 서식할 수 있는 환경을 만들어주자는 환경보호자들의 주장에 부응하기 위한 것이다.

④ 열대우림동맹(Rainforest Alliance)

생태계 파괴를 최소화하면서 공정한 무역을 지향하는 단체로 농장과 조합원들에게 사회적 · 노동적 · 환경적 보호관리에 대한 엄격한 기준을 통과했다는 인증서를 발급해 주는 비영리단체이다. 이 인증을 받기 위해 농장은 생태계 보호, 토지와 수자원 보호기술, 노동환경과 노동자의 주거환경, 유해물질과 쓰레기 관리 등에 대한 엄격한 검열을 통과해야 한다.

⑤ 에코오케이 커피(Eco-Ok Coffee)

열대우림동맹에서 파견된 검사관이 농장 일꾼들의 복지문제까지 평가하며 커피재배로 인해 주변에 파급되는 영향이 올바른지 재배환경영향을 평가한다.

⑥ 파트너십 커피(Partnership Coffee)

농장주와 소비자가 신뢰를 바탕으로 파트너가 되어 소비자는 투자를 하고 좋은 품질의 커피 생산을 요구하며, 생산자는 성과에 따른 보상을 받기로 함으로써 서로 상부상조하는 방법이며, 이는 릴레이션십 커피(Relationship Coffee)라고도 불린다.

커피재배 농가들의 경제적 자립을 위해, 지속 가능한 생산 및 소비시장의 창출을 위해, 생산지의 사회 · 문화적 향상을 위해, 그리고 커피를 사랑하는 우리 자신을 위해서도, 지속 가능(Sustainable)한 커피의 이념은 계속되어야 할 것이다.

자료 : 동양일보, 2012년

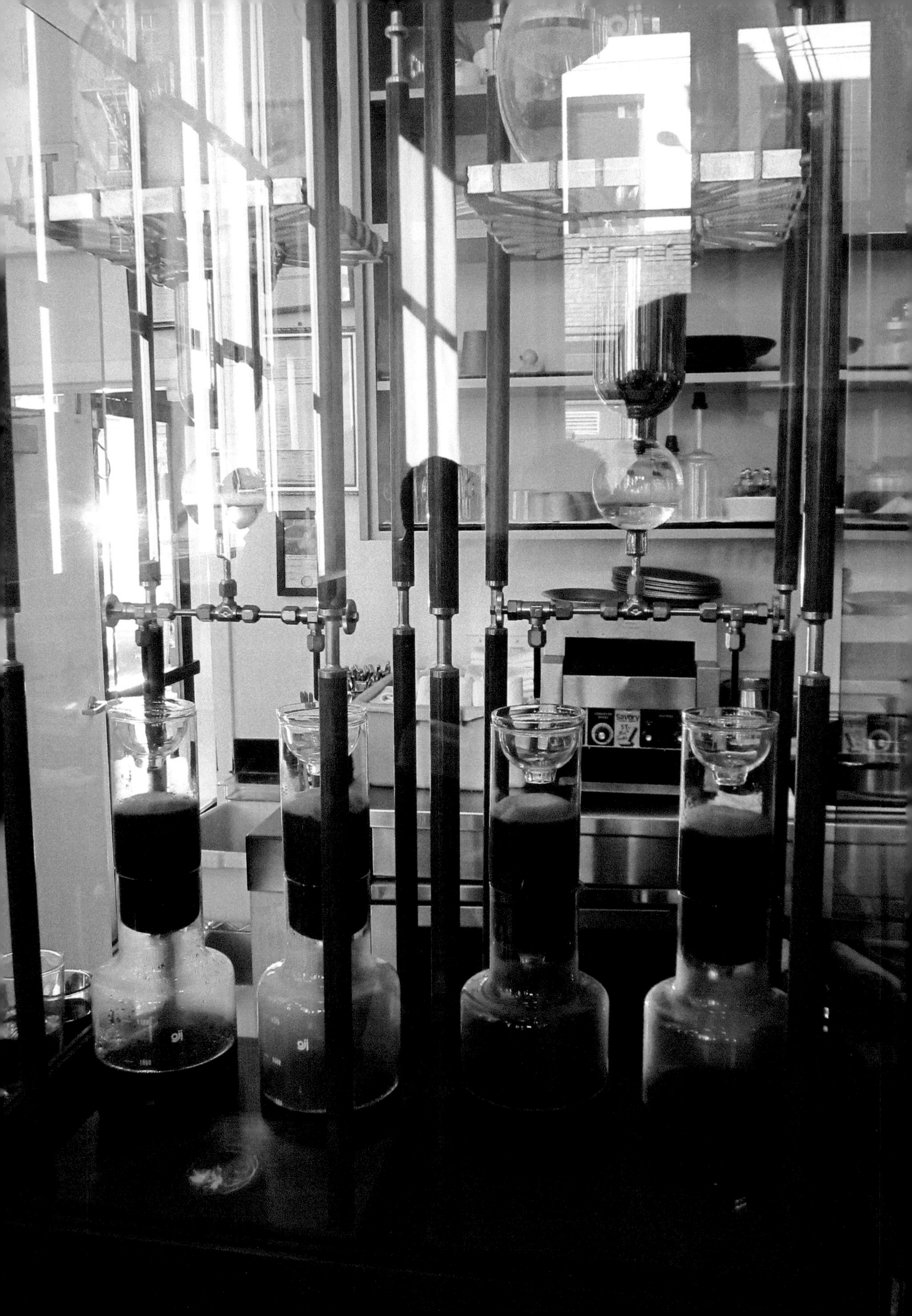

Chapter 2

커피 추출방식

추출기구가 다르면 커피 맛도 다르다. 커피 조리과정에서 바리스타는 양질의 생두로부터 로스팅 과정 그리고 추출에 이르기까지 커피 한 잔에 온 정성을 기울인다. 커피 추출방식은 그동안 놀라운 발전을 거듭해 왔다. 전통적인 터키식 침출법에서부터 프렌치 프레스, 핸드 드립, 사이폰, 모카포트 등의 개별적인 추출기구들이 개발되었고, 디지털기술을 접목한 에스프레소 커피머신이 등장했다. 최근 에스프레소 커피에 대한 인기가 높아지면서 애호가들이 점차 늘고 있다.

커피 추출 / 추출방식 / 커피 추출기구

COFFEE

Chapter 2

커피 추출방식

1. 커피 추출

커피 추출이란 로스팅된 원두를 분쇄하여 각기 취향에 맞는 맛과 향 성분을 물을 사용해서 뽑아내는 것이다.

좋은 커피 추출을 위한 네 가지 기본 요소로는 커피의 농도(Strength), 추출 수율(Extraction Yield), 커피와 물의 비율(Brewing Formula), 물의 온도(Water Temperature) 등이 있다.

1) 커피의 농도

커피의 농도는 가용성 성분의 농도 척도로서 커피 추출액에 들어 있는 향미 성분의 양을 물의 양과 비교하여 백분율(%)로 표시한다. 향과 맛을 내는 가용성 성분의 농도가 1.15% 이하일 때는 커피 맛이 싱겁게 느껴지고, 가용성 성분의 농도가 1.35% 이상일 때는 맛이 강하게 느껴진다. 따라서 커피의 농도는 일반적으로 1.15~1.35% 사이일 때 가장 적당하다고 느낀다.

2) 추출 수율

추출 수율은 가용성 성분 수율의 척도가 되며, 커피 추출액에 들어 있는 향미성분과 커피 추출액을 만드는 데 사용한 원두의 양을 비교하여 백분율(%)로 표시한다.

물에 용해할 수 있는 원두 내의 가용성분은 27~35% 정도이다. 이러한 가용성 성분의 추출 수율이 18% 이하일 때는 과소 추출이 되어 풋내(Grassy)가 난다. 또한 추출 수율이 22% 이상일 때는 과다 추출이 되어 쓰고 떫은맛이 난다. 따라서 추출 수율이 18~22%일 때 가장 좋은 향과 맛을 느낄 수 있다.

3) 커피와 물의 비율

커피와 물의 비율은 커피를 추출할 때 사용한 원두의 양과 물의 비를 백분율(%)로 표시한다.

커피 추출액이 가장 좋은 향기와 맛을 내기 위해서는 가용성 성분의 농도와 추출 수율이 균형을 이뤄야 한다. 즉 최적의 향기와 맛은 최적의 농도일 때 나타난다. 커피의 농도와 추출 수율이 균형을 이루기 위해서는 사용하는 커피와 물의 비가 특정한 기준 안에 있어야 한다. 보통 커피 1인분의 기준은 커피 10g에 물 150㎖ 정도가 적당하다. 물의 상태는 차고 깨끗한 것이 좋으며, 커피 맛의 변화를 최소화할 수 있는 정수나 연수를 사용해야 한다.

4) 물의 온도

물의 온도는 커피 맛을 결정짓는 중요한 요인 중 하나이다. 차가운 물보다 뜨거운 물에 커피가 빨리 추출된다. 적정 물의 온도는 드립 커피의 경우 80~85℃, 커피 머신에서는 90~95℃ 정도가 적당하다.

물의 온도가 낮으면 커피성분을 추출하는 데 시간이 오래 걸리고, 커피의 충분한 맛을 내지 못한다. 반면에 물의 온도가 높으면 짧은 시간 안에 커피성분을 추출할 수 있으나 쓴맛이 강해지고, 날카로운 맛이 되기 쉽다.

2. 추출방식

추출방식이 다르면 커피 맛도 다르다. 과거의 전통적인 방식에서부터 현대의 에스프레소까지 커피기구는 다양하다. 커피 추출방식에는 크게 6가지 방법이 있다.

1) 달이기 Decoction

추출용기 안에 물과 커피가루를 섞은 후 가열하여 커피성분이 추출되도록 하는 방식이다. 터키식(Turkish) 커피가 해당된다.

2) 우려내기 Steeping

추출용기 안에 뜨거운 물과 커피가루를 섞은 후 커피성분이 추출되도록 하는 방식이다. 이때 사용하는 커피기구가 프렌치 프레스(French Press)이다.

3) 반복여과 Percolation

추출용기 안에 있는 커피가루에 뜨거운 물이 통과하여 추출된 커피액이 다시 커피가루를 반복 순환하는 방식이다. 이때 사용하는 커피기구가 퍼컬레이터(Percolator)이다.

4) 진공여과 Vacuum Filtration

하부 용기의 물을 가열하여 발생되는 증기압에 의해 물이 상부로 올라가면 커피가루와 섞어준 후 증기압을 제거하여 추출액이 하부로 내려오는 방식이다. 이때 사용하는 커피기구가 사이폰(Siphon)이다.

5) 드립여과 Drip Filtration

추출용기 안에 있는 커피가루에 뜨거운 물이 한 번 통과하여 커피를 추출하는 방식이다. 전기식 커피 메이커나 핸드 드립 방식이 해당된다.

6) 가압추출 Pressurized Infusion

가압(2~10기압)된 물이 커피층을 통과하여 커피를 추출하는 방식이다. 모카포트(Mocha Pot), 에스프레소(Espresso) 커피가 해당된다.

잠깐 쉬어가기

맛있는 핸드 드립 커피는 신선한 콩을 골라 로스팅한 후 일주일 이내의 유효기간을 지켜야 한다. 그리고 필터는 종이보다 융으로 거른 커피 맛이 더욱 풍성하다. 추출과정에서는 뜸 들이기와 물 돌리기 기술이 중요하다.

3. 커피 추출기구

커피 추출방식은 그동안 놀라운 발전을 거듭해 왔다. 사람의 손에 의존하던 터키식 추출법에서부터 핸드 드립, 사이폰, 모카포트, 프렌치 프레스 등 개별적인 추출기구들이 개발되었다. 오늘날에는 디지털기술을 접목한 전자동 커피기계가 편리성을 무기로 대중화되고 있다.

1) 핸드 드립 Hand Drip

핸드 드립은 여과(Filter)장치에 분쇄한 원두를 넣고 뜨거운 물을 천천히 부어 커피성분을 추출하는 방식이다. 기계를 이용한 추출이 아니라 주전자(Drip Pot)와 드립퍼(Dripper, 깔때기)를 이용하여 사람의 손으로 커피를 뽑아내는 것이다. 이 방식은 커피 고유의 맛과 향을 그대로 느낄 수 있다는 장점이 있지만 모든 과정이 손으로 이루어지므로 커피 추출시간이 3분 정도 소요된다. 또한 커피를 추출하기 위해서는 다음과 같은 도구들이 필요하다.

(1) 핸드 드립에 필요한 도구

① 드립포트(Drip Pot)

분쇄한 원두에 뜨거운 물을 붓기 위해 쓰는 주전자이다. 어떻게 물줄기를 주입하는가에 따라 커피 맛이 달라진다. 물줄기가 한쪽으로 기울지 않고, 균일하게 적셔주어야 가용성 성분이 잘 용해되어 균형 있는 맛을 유지할 수 있다. 일반 주전자와 달리 물의 배출구는 S자 형태로 되어 있으며, 이를 학구(鶴口)라고 부른다. 배출구가 좁고 길어 사용자가 물줄기를 조절하기에 용이하다. 제조회사에 따라 모양과 크기가 다양하고 재질도 조금씩 다르다. 사용자의 손에 익숙해질 때까지 여러 번 연습해야 한다.

드립포트의 구조

② 드립퍼(Dripper)

여과지(Paper Filter)를 올려놓고 분쇄된 커피를 담는 도구이다. 깔때기 모양으로 물이 잘 흐를 수 있도록 경사지게 만들고 홈을 판 형태이다. 드립퍼의 종류로는 메리타(Melitta), 카리타(Kalita), 고노(Kono), 하리오(Hario) 등이 있다. 같은 조건의 커피를 사용하여 추출해도 커피의 맛이 다르다.

내부에는 길게 튀어나온 홈(Rib)이 있다. 이 홈은 물을 부었을 때 공기가 빠져나가는 통로 역할을 한다. 홈의 수가 많고 높이가 높을수록 물이 잘 통과된다. 또한 추출을 마친 후 여과지를 쉽게 제거해 주는 역할도 한다.

재질과 구조에 따라 플라스틱, 도기, 금속 등으로 다양하다. 주로 강화 플라스틱 소재로 만든 제품이 많이 쓰인다. 도기나 금속제품은 깨지기 쉽고 가격도 상대적으로 비싸기 때문에 많이 사용하지는 않는다.

드립퍼 종류

명 칭	형 태	특 징
카리타 (Kalita)		추출구가 3개이고 바닥은 수평이다. 리브(Rib)가 촘촘하며 길다. 메리타에 비해 추출이 빠르다.
고노 (Kono)		추출구가 1개이고 원추형이다. 리브(Rib)의 수가 적고 드립퍼의 중간까지만 있다.
메리타 (Melitta)		추출구가 1개이고, 리브(Rib)는 두 가지 형태이다. 1~2인용은 드립퍼 끝까지, 3~4인용은 드립퍼 중간까지 설계되어 있다.
하리오 (Hario)		고노와 형태가 비슷하나 리브가 나선형으로 드립퍼 끝까지 설계되어 있다.

③ 여과지(Paper Filter)

여과지는 분쇄한 원두를 거르는 역할을 한다. 종이(Paper)필터와 융(Flannel, 천)필터가 있다. 종이필터는 커피의 지방성분을 흡수하게 되어 깔끔한 맛의 커피가 추출된다. 반면에 융필터는 상대적으로 고형성분이 많이 추출되어 걸쭉하면서 부드러운 맛이 난다. 종이필터는 1회용이므로 융필터에 비해 사용이 간편하다. 드립퍼의 형태에 따라 전용 여과지도 각기 다르다.

종이필터는 무표백과 표백 여과지 두 종류가 있다. 종이냄새가 나는 갈색의 무표백 여과지에 비해 표백 여과지는 커피 맛이 깔끔하다.

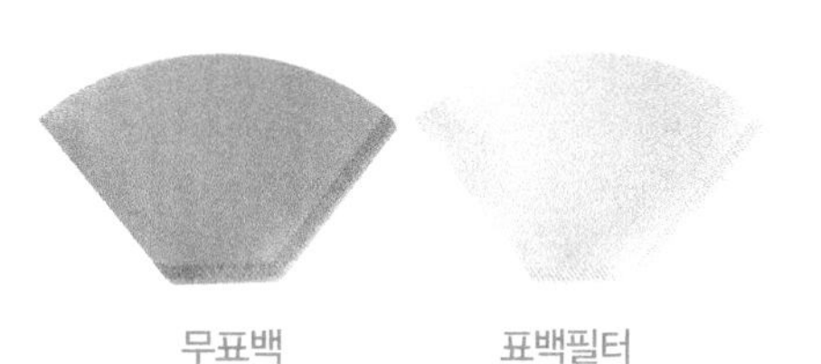

하리오 필터 접는 방법

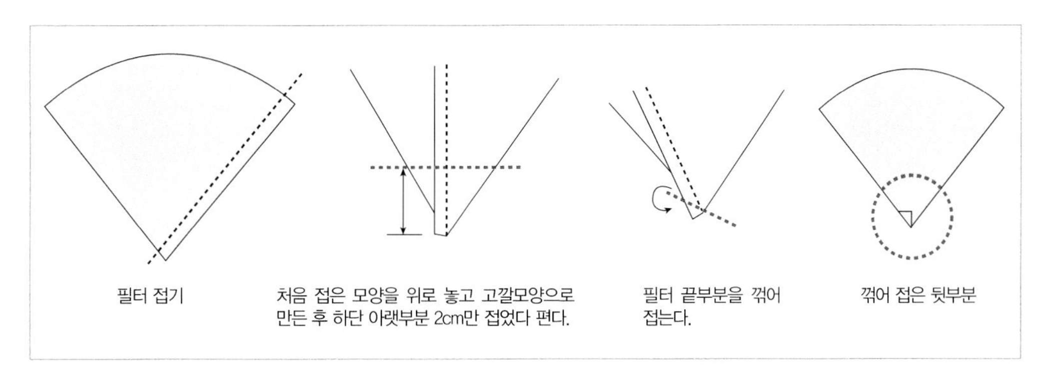

필터 접기
처음 접은 모양을 위로 놓고 고깔모양으로 만든 후 하단 아랫부분 2cm만 접었다 편다.
필터 끝부분을 꺾어 접는다.
꺾어 접은 뒷부분

④ 드립 서버(Drip Server)

드립퍼 아래 놓고 추출된 커피를 받아내는 용기이다. 드립 서버에 눈금이 있어 추출되는 커피의 양과 농도를 확인할 수 있다. 용기의 재질에는 플라스틱과 유리가 있으나 유리재질이 온도를 오래 유지할 수 있다.

드립퍼(1~4인용) 드립 서버(1~5인용, 700ml)

계량스푼 여과지

⑤ 온도계

물의 온도는 커피 맛에 큰 영향을 미친다. 커피를 마시기에 적당한 온도는 65~70℃ 정도로 알려져 있다. 추출 직전과 후의 온도 차이는 15~18℃ 정도가 된다. 따라서 적정 물의 온도는 드립 커피의 경우 80~85℃, 커피머신에서는 90~95℃ 정도이다.

⑥ 스톱워치

추출시간은 커피 맛과 농도에 중대한 영향을 미친다. 추출시간이 짧을수록 균형감이 상실되고, 농도가 약하며, 가벼운 커피가 된다. 반대로 추출시간이 길수록 쓰고, 텁텁한 커피가 된다. 보통 두 잔 분량의 적정 커피 추출시간은 약 2분 30초를 권장한다. 물론 개인차가 있을 수 있으니 원두 종류나 취향에 따라 약간의 조정은 필요하다.

⑦ 계량스푼

커피의 양을 측정하는 스푼이다. 보통 한 잔 분량의 에스프레소 커피는 7g, 드립 커피는 10g 정도가 적당하다. 커피 원두 60개는 10g 정도의 분량이다. 그러나 원칙이 정해진 것이 아니라 로스팅 정도, 추출량이나 시간에 따라 조절이 가능하다.

커피와 추출량

구분	기준		실제	
	커피(g)	추출량(㎖)	커피(g)	추출량(㎖)
1인분	10	150	13~15	200
2인분	20	300	18(-2)	300
3인분	30	450	27(-3)	450

자료 : www.jeonscoffee.co.kr

(2) 추출과정

에스프레소는 뜨거운 고압 수증기를 원두 사이로 통과시키며 커피를 뽑아낸다. 반면에 핸드 드립은 단지 중력만을 이용하여 커피를 우려낸다. 핸드 드립은 수동 여과 추출방식에 해당한다. 80~85℃ 정도의 뜨거운 물로 분쇄된 원두를 통과시켜 고유의 맛과 향을 뽑아내는 과정이다.

① 드립퍼에 여과지 끼우기

드립 서버 위에 드립퍼를 올려놓는다. 여과지를 접어서 드립퍼에 끼우고 공간이 뜨지 않도록 밀착시킨다.

② 분쇄된 커피를 드립퍼에 담기

분쇄된 커피를 드립퍼에 담는다. 커피 표면이 평평하게 되도록 드립퍼를 살짝 쳐준다. 물을 균일하게 주입하려면 표면이 고른 상태를 유지해야 하기 때문이다.

③ 물을 끓여 드립포트에 붓기

온도계를 꽂은 상태에서 드립포트에 끓는 물을 부어준다. 포트의 물은 8부 정도 채워서 주입하는 것이 적당하다. 반 정도 채워서 주입하면 중간에 물줄기가 끊어지거나 많은 양이 들어가 조절이 어렵게 된다.

④ 추출에 적당한 물의 온도로 낮추기

드립포트의 물을 드립 서버에 서로 반복하여 옮겨 부어서 적당한 물의 온도를 맞춘다. 이는 드립 서버를 예열하기 위한 목적도 있다.

⑤ 뜸들이기

커피 추출의 첫 번째 단계는 바로 뜸이다. 뜸이란 물을 커피가루가 적셔질 정도로 살짝 붓고 30초 정도 기다리는 과정을 말한다. 이때 가루가 부풀어 오르면서 거품이 올라와야 신선한 원두이다. 뜸들이기는 두 가지의 목적이 있다. 첫째, 추출 전 커피가루를 충분히 불려 커피 고유의 성분을 원활하게 추출할 수 있도록 한다. 둘째, 커피 내의 탄산가스와 공기를 빼내어 물이 용이하게 흐를 수 있는 길을 만들어준다. 일반적으로 뜸들이는 방식에는 나선형이 가장 널리 사용된다.

중심에서 바깥쪽으로 나선형을 그리며 물을 주입하는 방식이다. 물줄기가 여과지에 닿지 않도록 주의한다.

나선형

뜸들이는 방식에서 주의할 점은 물을 커피가루에 얹어준다는 느낌으로 주입해야 한다는 것이다. 물을 과도하게 주입하거나 너무 적게 주입하면 커피가 제대로 추출되지 않기 때문이다. 따라서 물의 주입량은 드립퍼에서 몇 방울만 떨어질 정도가 적당하다. 단, 주입하는 물의 양은 추출한 커피액의 10%를 넘지 않도록 한다.

⑥ 추출하기

이제 커피도 슬로푸드시대이다. 드립커피는 뜨거운 물을 커피가루에 투과시켜 커피의 성분을 추출하는 것이다. 물줄기가 굵으면 깊은 맛을 낼 수 없고, 추출시간이 길어지면 여과력이 떨어져 커피 본래의 맛을 추출하기 어렵다. 가는 물줄기, 굵은 물줄기에 따라 달라지는 여과력, 뜸에서 4차에 걸치는 추출시간에 따라 다양한 맛의 드립커피가 만들어진다.

나선형 추출

중앙에서 시작하여 가장자리로 다시 나선형을 그리며 물을 주입한다.

스프링 추출

중앙에서 시작하여 스프링 모양을 유지하면서 시계방향으로 물을 주입한다.

핸드 드립 커피는 한번에 하는 것이 아니라 뜸을 들인 후 보통 4차에 걸쳐 추출하게 된다.

뜸을 주면 탄산가스에 의해 커피가 부풀어 올라오는데 그 속도가 점차 느려지고 어느 순간 팽창이 멈춘다. 이때 1차 추출이 시작된다. 주전자의 높이는 최대한 낮게 한다. 물은 골고루 부어야 하며 면적은 되도록 넓게 한다. 1차 추출에서 커피의 진한 성분이 대부분 추출된다. 1차 추출이 끝나고 커피 가루가 다시 평평해지면 2차, 3차, 4차도 같은 방법으로 추출한다. 추출횟수가 적을수록 커피 맛이 순해진다.

추출과정

구분	물줄기	내용
뜸들이기	가는 물줄기	드립퍼의 중앙에서 가장자리로 원을 그리며 가늘고 촘촘하게 물을 돌린다. 이때 중앙은 천천히 가장자리는 빨리 돌린다. 드립 서버에 커피 농축액이 1~2방울 떨어질 정도가 적당하다. 뜸이 길면 쓴맛이 나고, 짧으면 신맛이 난다.
1차 추출	가는 물줄기	뜸을 들인 후 1차 추출을 시작한다. 중앙≫가장자리≫중앙으로 나선형을 그리며 가늘고 촘촘하게 물을 돌린다. 가는 물줄기는 진한 맛, 굵은 물줄기는 연한 맛이 난다. 뜸과 1차 추출에서 커피의 맛과 질이 결정된다.
2차 추출	중간 물줄기	물을 먹어 부푼 커피가루가 가라앉으면 2차 추출을 시작한다. 1차보다 물을 더 굵게 주입하면서 조금 빨리 돌린다. 물줄기가 한쪽으로 치우치지 않도록 전체적으로 골고루 주입해야 균형 있는 커피가 추출된다.
3, 4차 추출	굵은 물줄기	3, 4차는 커피의 농도와 원하는 커피의 양을 맞춰가는 과정이다. 물줄기는 1, 2차보다 굵고 빠르게 한다. 추출시간은 2분 30초~3분 안에 추출한다. 추출하는 시간이 길면 진한 커피가 되고 짧으면 연한 커피가 된다.

핸드 드립 기구별 추출과정

카리타(Kalita) 추출

카리타는 종이 드립 커피 추출을 위한 드립퍼의 명칭이다. 일본에서 개발한 것으로 추출구가 3개 있다. 또한 리브(Rib)가 촘촘하고 높게 설계되어 있어 상대적으로 동일한 커피의 양을 담았을 때 추출속도가 빠르다. 따라서 커피 맛의 변화폭이 적어 안정적이고 부드러운 맛의 커피를 추출할 수 있다.

● 추출방법

필요한 도구

1. 드립퍼
2. 드립 서버
3. 여과지
4. 드립포트
5. 계량스푼

추출 데이터

1. 2인분
2. 적당하게 분쇄
3. 커피 20~25g
4. 물 300㎖
5. 온도 90~95도

1. 뜸

드립퍼의 중앙에서 가장자리로 원을 그리며 가늘고 촘촘하게 물을 돌린다. 약 30초 동안 뜸을 들인다. 드립 서버에 커피 농축액이 떨어지기 시작한다.

2. 1차 추출

드립 서버에 1~2방울의 커피가 떨어질 때 추출을 시작한다. 중앙≫가장자리≫중앙으로 나선형을 그리며 물을 돌린다. 뜸과 1차 추출에서 커피의 맛과 질이 결정된다.

3. 2차 추출

드립퍼 중앙의 커피가루가 내려가기 시작하면 2차 추출을 시작한다. 물줄기가 한쪽으로 치우치지 않도록 전체적으로 골고루 주입해야 균형 있는 커피가 추출된다.

4. 3, 4차 추출

3, 4차는 커피의 농도와 원하는 커피의 양을 맞춰가는 과정이다. 물줄기는 1, 2차보다 굵고 빠르게 한다. 커피의 적정온도는 65~70℃ 정도이다.

5. 추출 완료

드립 서버의 눈금을 확인하면서 적량이 되면 물이 있어도 드립퍼를 제거한다. 아래쪽의 진한 농도와 윗부분의 연한 커피가 잘 섞이도록 저어준다.

고노(Kono) 추출

고노는 카리타와 달리 원추형으로 되어 있다. 그래서 같은 양의 커피를 담았을 때 커피층이 더 높다. 또한 리브가 짧고, 수가 적으며 큰 추출구가 1개이다. 따라서 물이 커피층을 통과하는 시간이 길어서 진한 맛의 커피를 추출할 수 있다. 융 드립에 가까운 기능을 갖고 있다.

● 추출방법

필요한 도구

1. 드립퍼
2. 드립 서버
3. 여과지
4. 드립포트
5. 계량스푼

추출 데이터

1. 2인분
2. 적당하게 분쇄
3. 커피 20~25g
4. 물 300㎖
5. 온도 90~95도

1. 뜸

드립퍼의 중앙에서 가장자리로 원을 그리며 물을 돌린다. 커피가루가 부풀어 오르면 물 돌리기를 멈추고 뜸 들인다. 드립 서버에 커피 농축액이 떨어지기 시작한다.

2. 1차 추출

드립퍼 중심의 커피가루가 내려가기 시작하면 1차 추출을 시작한다. 중앙≫가장자리≫중앙으로 나선형을 그리며 물을 돌린다. 이때 중앙은 천천히, 가장자리는 빨리 돌린다.

3. 2차 추출

드립퍼 중앙의 커피가루가 내려가기 시작하면 2차 추출을 시작한다. 커피가루가 부풀어 오르면 물 돌리기를 멈춘다. 갓 볶은 커피는 탄산가스가 발생하여 부풀어 오르는데 이것은 신선하단 뜻이다.

4. 3, 4차 추출

3, 4차는 커피의 농도와 원하는 커피의 양을 맞춰가는 과정이다. 물줄기는 굵고 빠르게 돌린다. 가능한 낮은 높이에서 물을 커피가루 위에 얹는 듯이 부어준다.

5. 추출 완료

드립 서버의 눈금을 확인하면서 적량이 되면 물이 있어도 드립퍼를 제거한다. 추출시간이 길면 진한 맛, 짧으면 연한 맛의 커피가 추출된다.

메리타(Melitta) 추출

메리타는 드립퍼 아래쪽에 추출구가 한 개 있다. 추출구가 3개인 카리타에 비해 물 빠지는 속도가 느리다. 따라서 물이 드립퍼 안에 머무는 시간이 많아 그만큼 농도가 진한 커피를 만들 수 있다. 대신 물을 부을 때 추출구로 순조롭게 빠질 수 있도록 물줄기의 속도를 가늘고 천천히 조절하는 것이 중요하다. 로스팅은 중·강배전된 원두를 중간보다 약간 가늘게 분쇄하여 쓰면 좋다. 1908년 독일의 메리타 벤츠(Melitta Bentz) 부인이 만든 것으로 유럽이나 미국에서 많이 쓰는 방법이다.

● 추출방법

필요한 도구

1. 드립퍼
2. 드립 서버
3. 여과지
4. 드립포트
5. 계량스푼

추출 데이터

1. 2인분
2. 적당하게 분쇄
3. 커피 20~25g
4. 물 300㎖
5. 온도 90~95도

1. 뜸

메리타는 작은 추출구가 1개 있어서 물 빠짐이 원활하지 못하다. 그래서 뜸 들이는 시간도 45초 정도로 표준에 비해 약간 길게 해주는 것이 좋다.

2. 추출

① 드립퍼의 중앙에서 가장자리로 물을 돌린다. 이때 추출구로 순조롭게 빠질 수 있도록 물줄기의 속도를 가늘고 천천히 조절하는 것이 중요하다.
② 추출구를 통해 나오는 커피의 양과 물 주입량을 맞추어 드립퍼 안에 항상 적정량의 물이 남아 있게 한다.
③ 다른 추출기구보다 물이 머무는 시간이 길어서 물줄기를 가늘게 하지 않으면 물이 넘칠 수 있다.

3. 추출 완료

① 커피의 중심부분에 하얗게 남아 있는 거품이 드립 서버에 떨어지면 향미가 떨어지므로 주의한다.
② 원하는 커피의 양이 추출되면 드립퍼를 제거한다.
③ 메리타 추출은 물과 커피의 접촉 시간이 길기 때문에 잡미가 섞일 위험이 높다.
④ 항상 같은 맛과 향의 커피가 제공될 수 있도록 연습을 한다.

융(Flannel) 추출

융은 플란넬(Flannel)이라고 하는 천이다. 융은 양쪽의 면이 서로 다르다. 한쪽은 기모(起毛)가 있고 다른 쪽은 없다. 그래서 추출할 때는 기모가 있는 면을 바깥쪽으로 향하게 해서 사용한다. 이는 기모의 흐름을 쉽게 함으로써 융의 특성을 살린 커피를 추출하기 위한 것이다. 융 추출의 특징은 커피의 오일성분을 걸러내지 않고 그대로 추출함으로써 기름지고 진한 맛을 느낄 수 있는 것이다. 다른 추출에 비해 입안에 꽉 차는 풍부한 맛이다. 핸드 드립 커피에서 가장 뛰어난 맛과 향을 추출해서 '여과의 제왕'으로 불린다. 드립 커피의 역사가 긴 일본의 경우 대부분 융 추출을 선택한다. 그만큼 강렬하고도 긴 여운을 남기기 때문이다.

● 추출 준비

융은 보관과 취급이 어렵다. 사용 전후에 삶아서 밀폐용기에 담아 냉장보관해야 한다. 이는 천의 냄새를 제거하고 섬유조직을 풀어주어야 잡미가 없기 때문이다. 융을 충분히 삶은 후에는 흐르는 깨끗한 물에 씻는다. 항상 젖은 채로 보관되어야 하며 말리거나 세제 등을 사용해서 세탁하면 안 된다. 수돗물보다는 정수된 물을 사용한다.

● 추출방법

융 추출한 커피는 일반적인 커피보다 조금 더 많은 양을 사용한다. 너무 적은 양을 사용할 경우 필터가 깊고 넓어 제대로 된 추출이 어렵기 때문이다. 또한 뜸들이기에 신경을 써야 한다. 물의 양이 적으면 커피층이 두꺼워 팽창이 충분히 되지 않을 뿐 아니라 바닥까지 물이 닿지 않는다. 반면에 물의 양이 많을 경우 제대로 추출되지 않은 묽은 커피가 내려진다. 너무 빠른 속도로 물 붓기를 할 경우 표면이 심하게 팽창하여 부풀어 오른 커피가 터져버린다. 너무 느린 속도는 뜸들이는 시간이 길어져 불쾌한 쓴맛과 텁텁한 맛이 나게 된다. 드립 서버에 커피 한두 방울이 똑똑 떨어질 정도가 적당하다.

1. 융의 밑부분을 당겨서 커피가 촘촘히 담기도록 해준다.

2. 커피 중앙에서 시작하여 가장자리까지 나선형으로 물을 주입하여 20~30초 정도 뜸을 들인다.

3. 물줄기를 가늘게 하여 1차 추출을 한다. 융에 직접 물이 닿지 않도록 조심한다.

4. 표면의 거품이 꺼지기 전에 2, 3차 추출을 한다. 너무 넓지 않게 물을 주입한다.

Kono와 Hario 드립퍼의 비교

고노를 변형한 것이 하리오 드립퍼이다. 둘 다 원추형이나 차이점은 하리오 추출구가 더 크며, 리브가 나선형으로 드립퍼의 상단 끝까지 있다는 점이다. 이에 따라 고노에 비해 물빠짐이 원활하여 부드럽고 뒷맛이 깔끔한 편이다.

핸드 드립의 기구별 특징

구분	카리타	고노	메리타	융
맛	부드러운 맛	진한 맛	중간 맛	진한 맛
리브(Rib)	고(高)	중(中)	고(高)	–
장점	기구가 간편하여 취급이 쉽다.			바디가 좋고 뒷맛이 길다.
단점	종이냄새가 날 수 있다. 융에 비해 매끈함이 적다.			보관과 취급이 어렵다.

2) 사이폰 Siphon

증기압, 물의 삼투압을 이용한 진공식 추출방식이다. 위아래로 원형모양의 유리구 두 개가 연결된 구조이다. 아래는 물을 담는 플라스크, 위로는 커피를 담는 로트가 있다. 로트의 아래에는 스프링이 연결된 필터가 있다. 융이나 종이필터 사용이 가능하다.

플라스크의 물을 가열하면 끓기 시작하면서 증기압과 삼투압에 의해 커피가루가 있는 위로 올라간다. 불을 끄면 커피물이 필터를 거쳐 아래로 내려오게 된다.

가열하는 기구는 알코올램프로 메틸알코올을 사용한다. 커피 맛보다는 화려한 추출기구로 유명한 방식이다. 1840년 영국의 로버트 네이피어(Robert Napier)에 의해 발명되었다. 일본을 거치면서 사이폰이라는 상표이름으로 정착되었다.

● 추출방법

핸드 드립의 핵심이 물줄기의 통제라면 사이폰은 스틱을 사용하는 테크닉에 따라 맛의 변화를 줄 수 있다. 분쇄입자는 핸드 드립 커피보다 약간 가늘거나 곱게 간 것을 사용한다. 한 잔의 분량에 커피는 12g, 물은 150㎖ 정도가 필요하다. 플라스크 외부의 물기는 반드시 닦은 후에 사용한다. 물기가 있는 상태로 가열하면 터질 수 있기 때문이다.

① 플라스크에 적량의 뜨거운 물을 넣고 가열한다. 차가운 물은 오랜 시간이 소요되므로 뜨거운 물을 사용하는 것이 좋다.
② 필터를 세팅한다. 고리를 당겨서 로트의 하단에 걸어준다.
③ 로트를 플라스크에 걸쳐놓는다. 예열의 효과가 있다.
④ 물이 끓으면 분쇄한 커피를 로트에 넣는다. 커피 표면이 평평하게 되도록 살짝 쳐준다.
⑤ 불을 중간 정도로 줄이고, 로트를 끼워 넣는다.
⑥ 플라스크의 물이 로트로 올라오면 스틱을 이용해 10회 정도 저어준다. 우러나온 색을 보며 잔거품이 생길 때까지 저어준다.
⑦ 스틱으로 저어준 후 25~30초 정도 기다린다.
⑧ 불을 끈 후에 다시 스틱으로 10회 정도 저어준다.
⑨ 커피가 플라스크에 내려오면 로트를 빼준다.

3) 모카포트 Mocha Pot

모카포트는 이태리식 에스프레소를 만드는 주전자 형태를 말한다. 가열된 물에서 발생하는 수증기의 압력을 이용해서 커피성분을 추출하는 방식이다. 기구는 위아래로 포트 두 개가 있고, 중간에 커피가루를 채우는 필터 바스켓이 있다. 하단 포트의 물을 가열하면 수증기가 필터 바스켓을 통과하여 상단 포트에 추출되는 원리이다. 크레마(Crema)는 없지만 맛과 향은 에스프레소와 유사하다.

모카포트는 재질에 따라 알루미늄, 스테인리스, 도자기로 나뉜다. 알루미늄은 가장 전통적인 재질로 열전도율이 높아 추출시간이 짧고 가격이 저렴해서 널리 이용되고 있다. 스테인리스는 알루미늄에 비해 내식성이 좋고 관리가 쉽다. 도자기는 세 가지 재질 중 가장 풍부한 커피 향을 내며 아름다운 디자인이 가장 큰 특징이다. 도자기 재질의 모카포트는 아메리칸 커피를 즐기는 마니아들이 선호한다. 1933년 이태리의 알폰소 비알레티(Alfonso Bialetti)에 의해 발명되었다.

모카포트의 구조

● 추출방법

커피를 만들 때 적정량의 커피가 필터 바스켓에 있어야 적당한 압력과 함께 제대로 된 커피가 추출된다. 한 잔 분량에 커피는 7g, 물 45㎖ 정도가 필요하다.

① 하단 포트에 물을 붓는다. 물은 압력 밸브보다 낮게 채운다.
② 필터 바스켓에 분쇄한 원두를 넣고, 스푼으로 살짝 눌러준다.
③ 여과지를 필터 바스켓 위에 올려놓는다.
④ 상, 하단 포트를 돌려서 단단하게 고정한다.
⑤ 약한 불을 이용해서 2~3분 정도 끓인다.
⑥ '치익' 하는 소리가 나면 추출이 종료된 것이다. 불을 끄고 추출된 커피를 제공한다.

4) 프렌치 프레스 French Press

1950년대 프랑스 메리오르(Merior)사에서 개발한 커피포트의 일종이다. 기구는 유리용기와 피스톤이 달린 뚜껑의 두 부분으로 매우 간단하다. 유리용기에 분쇄한 원두를 넣고 뜨거운 물을 부은 후에 휘저어준다. 커피성분이 우러나오면 피스톤식의 금속성 필터로 눌러 짜내는 수동식 추출법이다. 우려내기와 가압추출이 혼용된 방식이나 커피성분이 충분히 우러나지 않는 단점이 있다.

● **추출방법**

한 잔 분량의 커피는 10g, 물 200㎖ 정도가 필요하다. 물과의 접촉시간이 길어서 풀 시티 정도의 원두를 굵게 분쇄하여 사용한다.

① 원두를 굵게 분쇄하여 용기에 넣는다.
② 90~95℃의 뜨거운 물을 약 200㎖ 넣는다.
③ 커피가루가 위로 뜨면 티스푼으로 저어준다.
④ 뚜껑을 닫고 3분 정도 기다린다.
⑤ 피스톤으로 눌러 짜낸 후, 컵에 150㎖ 정도 부어서 제공한다.

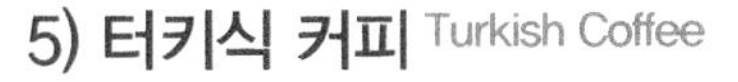

5) 터키식 커피 Turkish Coffee

터키식 커피는 이브릭(Ibriq, 주전자)이라는 기구에 분쇄한 커피를 넣고 불 위에 올려 끓이는 방법이다. 이 경우 농도가 진하고 걸쭉한 커피가 만들어진다. 커피를 거르지 않고 마시므로 입에 많은 찌꺼기가 남게 된다. 따라서 전용 밀을 이용해 에스프레소보다 더 곱게 분쇄해서 사용해야 한다.

● 추출방법

한 잔 분량의 커피에는 5~7g, 물 60~80㎖ 정도가 필요하다. 날씨가 추운 북유럽에서는 오렌지나 코코아, 향신료 등을 첨가해서 마시기도 한다. 가장 고전적이고 전통적인 추출법이다.

① 분쇄한 커피를 주전자(Ibriq)에 넣는다.
② 물은 60~80㎖를 넣어 중간 불로 끓인다.
③ 커피가 끓으면 약간의 찬물을 붓고, 3~4회 반복해서 끓인다.
④ 컵에 40~50㎖ 정도 부어서 제공한다.

6) 에스프레소 머신 Espresso Machine

커피메이커는 내리는 방식에 따라 크게 드립식과 에스프레소로 분류된다. 드립식은 원두가루에 뜨거운 물을 부어 천천히 커피를 추출한다. 연한 맛의 커피가 특징으로 구조가 간편하고 가격은 저렴한 편이다. 반면에 에스프레소는 압력을 가해 빠르게 커피를 추출하는 방식이다. 물의 온도와 압력, 추출시간 등을 잘 조절해야 향기롭고 맛있는 커피를 추출할 수 있다.

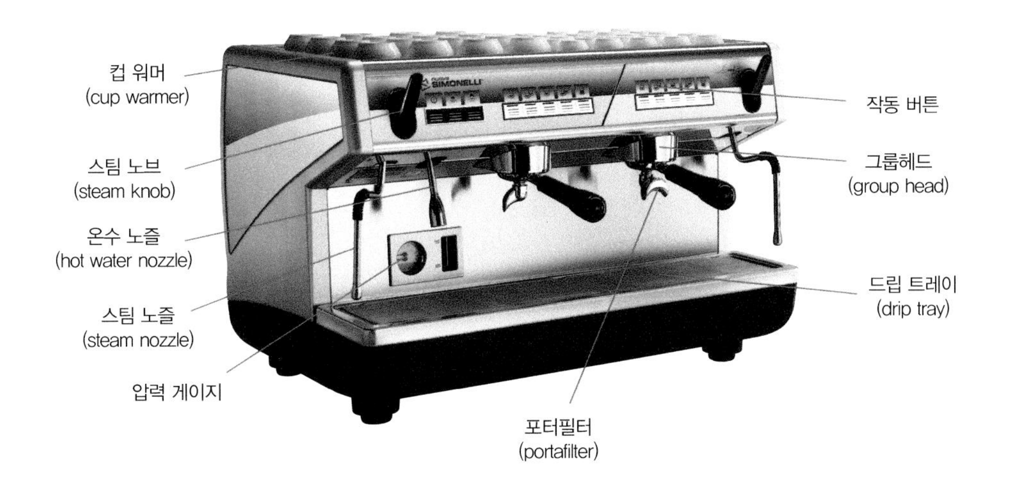

(1) 에스프레소 머신의 종류

에스프레소 머신은 원두 추출방식에 따라 수동형, 반자동형, 전자동형, 캡슐형 등으로 나뉜다. 전자동형은 원두를 넣고 버튼만 누르면 분쇄부터 추출까지 한꺼번에 해결된다. 이에 반해 반자동형은 각 단계별로 조절해야 하기 때문에 바리스타의 전문기술과 섬세함이 필요하다. 최근에는 캡슐형 머신이 특히 주목받고 있다.

① 수동형 머신(Manual Espresso Machine)

전통적인 형태로 사람의 힘에 의해 피스톤을 작동하여 추출하는 방식이다. 원두도 별도의 기계를 사용해서 직접 갈아야 한다.

② 반자동형 머신(Semi-Automatic Espresso Machine)

그라인더와 머신이 분리되어 있어 분쇄 후 탬핑하여 추출하는 방식이다. 바리스타용 커피머신으로 다양한 에스프레소 커피 추출에 유리하다.

③ 전자동형 머신(Automatic Espresso Machine)

그라인더가 내부에 장착되어 있어서 버튼만 누르면 분쇄와 추출이 동시에 이루어지는 방식이다. 다양한 맛의 변화가 어렵다. 주로 바리스타가 없는 호텔레스토랑에서 사용하고 있다.

④ 캡슐형 머신(Capsule Machine)

분쇄된 원두가 들어 있는 캡슐커피를 끼우고 버튼을 누르면 커피가 추출되는 방식으로 간편하다. 최근에 파드(POD)커피가 들어오면서 소비자들의 관심이 높아지고 있다. 낱개 포장되어 있어 맛이 변할 염려가 없다.

전자동형 머신

캡슐형 머신

(2) 에스프레소 머신의 구조

에스프레소 머신에서 가장 중요한 요소는 안정적인 온도와 일정한 추출압력이다. 이 두 가지 요소가 커피의 맛과 향에 큰 영향을 미친다. 따라서 에스프레소의 추출수단인 머신의 기본구조와 관리요령을 살펴보면 다음과 같다.

① 보일러(Boiler)

에스프레소 머신의 보일러는 발전소와 같다. 전기로 물을 가열하여 온수와 스팀을 공급하는 역할을 한다. 보일러 내부의 70%는 물로 채워져 있고, 30%는 빈 상태로 되어 있다. 70%의 공간에는 온수가 저장되고 나머지 30%의 공간에 스팀이 저장된다. 이때 스팀의 압력은 1~1.5Bar를 유지하며 보일러 물의 온도는 120℃에 달하게 된다. 내부의 재질은 부식을 방지하기 위해 니켈로 도금되어 있다. 지속적으로 사용하면 보일러 내부에 스케일이 발생하므로 1~2년에 한번씩은 제거해 주어야 한다.

② 그룹헤드(Group Head)

에스프레소 추출을 위해 물이 통과하는 부분으로 포터필터를 장착하는 곳이다. 그룹의 수에 따라 1그룹, 2그룹, 3그룹 등으로 구분된다. 그룹헤드는 개스킷(Gasket), 샤워 홀더(Shower Holder), 샤워 스크린(Shower Screen) 등이 결합된 구조이다. 주기적으로 교체하거나 청소해 주어야 양질의 에스프레소를 얻을 수 있다. 외부에 노출되어 있기 때문에 온도 유지가 매우 중요하다.

개스킷 (Gasket)	커피를 추출할 때 고온 고압의 물이 새지 않도록 막아주는 역할을 한다. 교환시기는 6개월에서 1년 정도이다.
샤워 홀더 (Shower Holder)	그룹헤드 본체에서 한 줄기로 나온 물을 여러 가닥으로 나누어주는 역할을 한다. 커피와 접촉하는 부분으로 매일 청소하거나 최소 1주일에 한 번은 세제로 닦아야 한다.
샤워 스크린 (Shower Screen)	샤워 홀더를 통과한 물을 미세한 줄기로 커피 표면 전체에 고르게 분사시켜 주는 역할을 한다. 샤워 홀더와 함께 1주일에 한번씩 세제로 닦아 주는 것이 좋다.

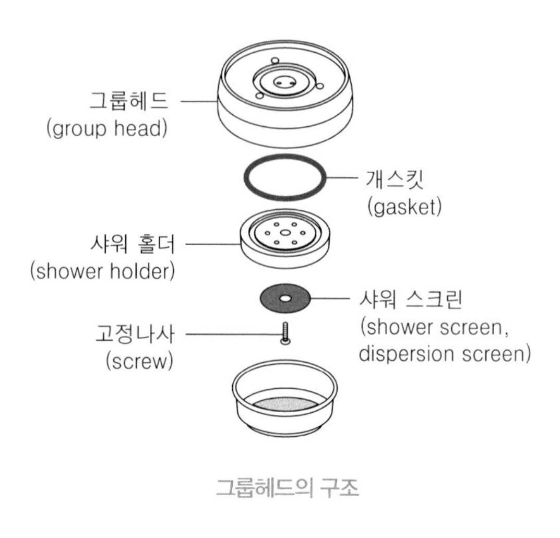

그룹헤드의 구조

③ 포터필터(Portafilter)

분쇄된 커피를 담아 그룹헤드에 장착시키는 기구이다. 필터 홀더(Filter Holder), 필터 고정 스프링, 필터 바스켓(Filter Basket), 추출구(Spout) 등으로 구성되어 있다. 포터필터는 항상 그룹헤드에 장착하여 예열해 주어야 한다. 포터필터 추출구(1구, 2구)에 따라 1잔용과 2잔용이 있다.

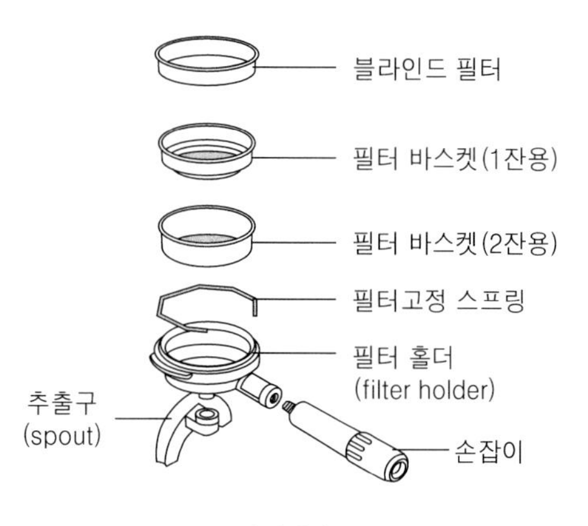

포터필터의 구조

④ 펌프 모터

펌프는 모터의 회전에 의해 작동한다. 수돗물이 펌프를 통과하면서 1~2bar 압력이 7~9bar까지 승압시켜 주는 역할을 한다. 압력레벨을 조절하는 방법은 간단하다. 펌프에 있는 작은 나사를 시계방향으로 돌리면 압력이 증가하고, 시계 반대방향으로 돌리면 압력이 감소한다. 일반적으로 9bar의 압력을 가장 많이 사용한다.

⑤ 압력 게이지

펌프의 압력과 스팀의 압력을 눈으로 확인하는 측정장치이다. 펌프 게이지의 범위는 0~16bar까지 표시되어 있다. 바늘이 8~10bar 안에 있으면 정상적으로 작동하는 것이고, 위험수위는 적색으로 표시된다. 스팀 압력 게이지의 정상범위는 녹색이지만 위험수위는 적색으로 표시된다.

⑥ 스팀 노즐

기계에서 스팀이 추출되는 노즐이다. 스팀 노즐은 구멍이 3~5개 있는 것이 주로 사용된다. 우유를 데우는 역할을 하므로 무엇보다도 청결이 중요하다. 사용 후에 잘 닦아주고, 노즐부분은 분리해서 청소해야 한다. 우유가 안에서 굳어지면 스팀이 점차 약해지는 현상이 일어날 수 있다.

⑦ 작동버튼

커피 추출버튼을 말한다. 추출버튼을 누르면 일정량이 나오고 스위치 작동이 자동으로 멈춘다. 원하는 양만큼 추출량을 조절할 수 있다.

⑧ 기타

컵 워머(Cup Warmer)는 에스프레소 머신의 윗부분에 잔이나 받침 등을 올려놓고 사용한다. 내장된 히터에 의해 예열하는 데 적당하다. 온수 노즐은 보일러에 데워진 뜨거운 물을 공급해 준다. 드립 트레이(Drip Tray)는 커피 추출액이나 물을 버릴 수 있는 머신 하부에 있는 장치이다.

(3) 에스프레소 그라인더

원두의 성분이 물에 용해되기 쉽도록 잘게 부수는 과정을 '분쇄(Grinding)'라고 한다. 분쇄입자는 에스프레소의 품질과 직결된다. 에스프레소 머신을 이용해 압력으로 추출할 때와 중력에 의해서만 물을 통과시키는 핸드 드립으로 추출할 원두를 갈아내는 정도는 다르다.

일반적으로 에스프레소 커피(0.01~0.3㎜)는 밀가루보다 굵고 설탕보다는 가늘게 간다. 그리고 분쇄된 커피는 산패가 빨리 진행되어 신선도가 떨어지므로 추출할 때 바로 분쇄해야 한다.

① 호퍼(Hopper)

호퍼는 원두 담는 통을 말한다. 용량은 1kg 정도이며 모양은 원통형, 사각형 등이 있다. 원두에서 나온 기름성분이 달라붙어 커피 맛에 나쁜 영향을 끼친다. 따라서 일주일에 한번 정도는 세제로 세척해서 사용해야 한다.

에스프레소 그라인더 머신

② 입자조절판

원두의 입자는 커피의 품질과 직결된다. 입자조절판은 나사식으로 조절하게 되어 있다. 손잡이를 시계방향으로 돌리면 숫자가 커지면서 입자가 굵어지고 반대로 돌리면 입자가 가늘어진다. 나사선에 커피 찌꺼기가 끼지 않도록 청결하게 관리해야 한다.

③ 도저(Doser)

도저는 분쇄된 원두를 보관하고 일정량을 포터필터에 담아주는 역할을 한다. 도저는 6개의 칸으로 나누어져 있으며 시계방향으로 회전하기 때문에 조절레버(Adjusting Knob)를 이용해서 커피 투입량을 조절할 수 있다. 시계방향으로 돌리면 양이 줄어들고 반대방향으로 돌리면 양이 늘어난다. 도저도 수시로 청소해 주어야 한다.

④ 배출레버

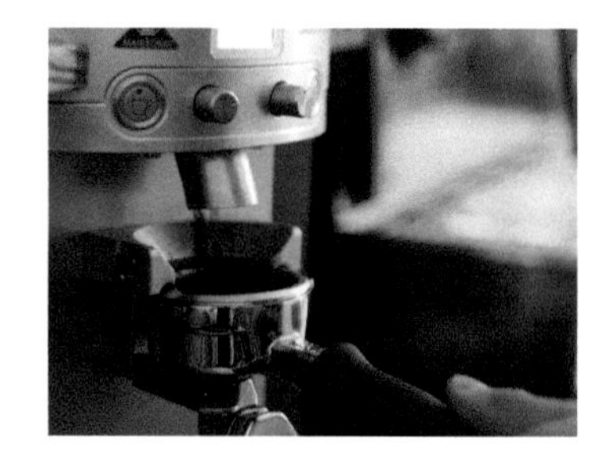

분쇄 커피를 배출해서 포터필터에 담기도록 하는 장치이다. 레버를 앞으로 당기면 시계방향으로 돌면서 분쇄된 커피가루가 아래로 떨어진다. 앞으로 당긴 후 놓아주면 리턴 스프링에 의해 자동으로 복귀하게 된다.

⑤ 그라인더 날

그라인더의 생명은 바로 칼날이다. 그라인더 날은 원두를 갈아주는 톱니바퀴 모양의 원형 칼날을 지칭하며 평면형(Flat Burr)과 원추형(Conical Burr)의 2가지가 있다. 평면형은 평평한 회전 칼날 두 개가 엇갈리게 돌아가면서 분쇄해 주는 방식이고, 원추형은 바깥 테두리 칼날과 중앙의 두툼한 칼날이 돌아가면서 분쇄시켜 주는 방식이다. 원하는 분쇄입자에 따라 두 개의 칼날 사이가 조여지고 늘려지면서 단계를 조절할 수 있다. 분쇄할 때 열이 많이 발생하므로 사용시간의 2배를 쉬게 해주어야 한다. 대개 날이 클수록 분쇄면적이 넓어지면서 열은 적게 발생한다. 그라인더 날은 매일 청소해 주는 것이 가장 좋다. 최소한 일주일에 한번 정도는 부드러운 솔로 깨끗이 청소해 주어야 한다.

(4) 에스프레소 머신의 유지관리

에스프레소 머신의 청소 및 유지관리는 커피의 맛과 기계의 수명에 큰 영향을 미친다. 다음은 에스프레소 머신의 부문별 유지관리에 대한 내용이다.

문제발생	원인	문제해결
포터필터 누수현상	• 그룹헤드 개스킷의 마모 • 포터필터에 커피를 많이 담았을 때	• 그룹헤드의 개스킷을 교체한다(소모품). • 포터필터에 많은 양의 커피를 담지 않는다.
스팀이 새는 현상	• 보일러 안전밸브에서 스팀이 새는 소리	• 안전밸브를 교체하고 스팀 보일러의 압력을 재설정한다(1~1.5bar)
추출할 때 요란하게 울리는 소리	• 물의 공급이 원활하지 않은 현상	• 워터펌프의 작동을 멈추고 물의 공급라인과 워터펌프 안의 이물질 여부를 확인한다.
커피의 온도가 높거나 낮을 경우	• 온도조절장치의 오작동 및 낮은 온도 설정 • 보일러 안 열선의 오작동	• 온도조절장치의 온도를 재설정하고 필요시 온도조절장치를 교체한다. • 열선의 오작동 시 압력 스위치와의 연결 문제 및 열선 자체의 스케일이나 이물질의 문제이다. 연결라인과 열선의 이물질을 확인하고 필요시 교체한다.
추출량이 일정하지 않은 경우	• 플로미터의 오작동	• 플로미터 안의 물 양을 제어하는 휠에 이물질 및 스케일이 생긴 경우이다. 기계의 전원과 압력을 내린 후 플로미터 안의 휠을 청소해 준다. 플로미터의 휠에 마모가 있을 때 교체한다.

자료 : 카페 & 바리스타, 백산출판사, 2012.

1. 핸드 드립에 필요한 도구는 무엇인가.
2. 핸드 드립 커피의 추출과정을 설명하시오.
3. 뜸들이는 목적과 방식을 기술하시오.
4. 핸드 드립의 기구별 특징에 대하여 분석하시오.
5. 핸드 드립과 에스프레소 커피를 비교하시오.
6. 에스프레소 머신과 기능에 대하여 설명하시오.
7. 그라인더 각 부분의 명칭과 역할은 무엇인가.

RESPECT
EARTH
nuova
ecta

Chapter 3

에스프레소

에스프레소는 영어의 익스프레스(Express, 빠르다)에서 유래되었다. 곱게 분쇄한 원두에 뜨거운 물을 가압하여 짧은 시간에 추출해서 작은 커피 잔(Demitasse)에 마시는 농축된 커피를 말한다. 강한 압력으로 단시간에 추출해서 카페인이 적고, 원두의 진한 맛과 향을 그대로 느낄 수 있다. 이탈리아 사람들은 하루 세 번 '커피 브레이크'를 가지는데, 아침에는 주로 카페라테(Caffe Latte), 점심에는 에스프레소(Espresso), 저녁에는 카푸치노(Cappuccino)를 즐겨 마신다.

에스프레소의 정의 / 에스프레소의 종류 / 에스프레소 추출 / 크레마 / 우유 거품과 휘핑크림 / 에스프레소의 추출편차가 발생하는 이유

COFFEE

Coffee Barista

Chapter 3

에스프레소

1. 에스프레소의 정의

에스프레소는 영어의 익스프레스(Express, 빠르다)에서 유래하였다. 곱게 분쇄한 원두에 뜨거운 물을 가압하여 짧은 시간에 기계를 통해 추출한 농축된 커피를 말한다. 강한 압력으로 단시간에 추출해서 카페인이 적고, 원두의 진한 맛과 향을 그대로 느낄 수 있다. 에스프레소 추출에 사용되는 커피의 양은 6~8g, 커피 추출량은 25~30㎖, 물의 온도는 90~95℃, 물의 압력은 7~9Bar, 추출시간은 25~30초 정도 된다. 에스프레소 잔은 지름 50~60㎜, 용량 50~70㎖ 정도가 좋다. 20세기 초반 이탈리아 밀라노(Milano, 이탈리아 북부 Lombardy의 주도)에서 탄생하였다.

2. 에스프레소의 종류

에스프레소는 추출 정도에 따라 다른 이름이 붙는데 리스트레토(Ristretto), 에스프레소(Espresso), 룽고(Lungo), 도피오(Doppio) 등이 있다.

1) 리스트레토 Ristretto

추출시간을 짧게 해서 양이 적고 15~25㎖로 진하게 추출한 커피이다. 이탈리아에서는 에스프레소보다 리스트레토를 즐기는 사람들이 더 많다.

2) 에스프레소 Espresso

에스프레소는 모든 메뉴의 기본이다. 25~30㎖ 정도의 커피를 작은 컵(Demitasse)에 제공한다. 원두의 진한 맛과 향을 그대로 느낄 수 있다.

3) 룽고 Lungo

영어의 롱(Long, 긴, 오랜)에서 유래되었다. 원두는 1샷의 분량으로 추출시간을 길게 하여 35~45㎖로 묽게 추출한 커피이다.

4) 도피오 Doppio

영어의 더블(Double, 두 배)에서 유래되었다. 한 잔에 에스프레소 2샷을 넣은 커피이다. 일반 에스프레소 양의 두 배(50~60㎖)가 된다. 리스트레토나 룽고도 도피오가 가능하다.

에스프레소의 추출기준

• 커피의 양(g)	6~8
• 커피 추출량(㎖)	25~30
• 물의 온도(℃)	90~95
• 물의 압력(bar)	7~9
• 추출시간(초)	25~30

에스프레소의 종류

Ristretto(압축된 ; 15~25㎖)	양이 적고 진하게 추출된 에스프레소
Lungo(긴, 오랜 ; 35~45㎖)	양이 많고 묽게 추출된 에스프레소
Doppio(두 배의 ; 50~60㎖)	일반 에스프레소 양의 두 배

3. 에스프레소 추출

에스프레소는 기계를 통해 추출하는 커피이다. 원두분쇄, 탬핑과 태핑, 포터필터 장착 등 여러 과정을 거친다. 이에 따라 추출에 필요한 도구의 사용방법을 충분히 숙지하고 있어야 한다.

에스프레소 추출과정

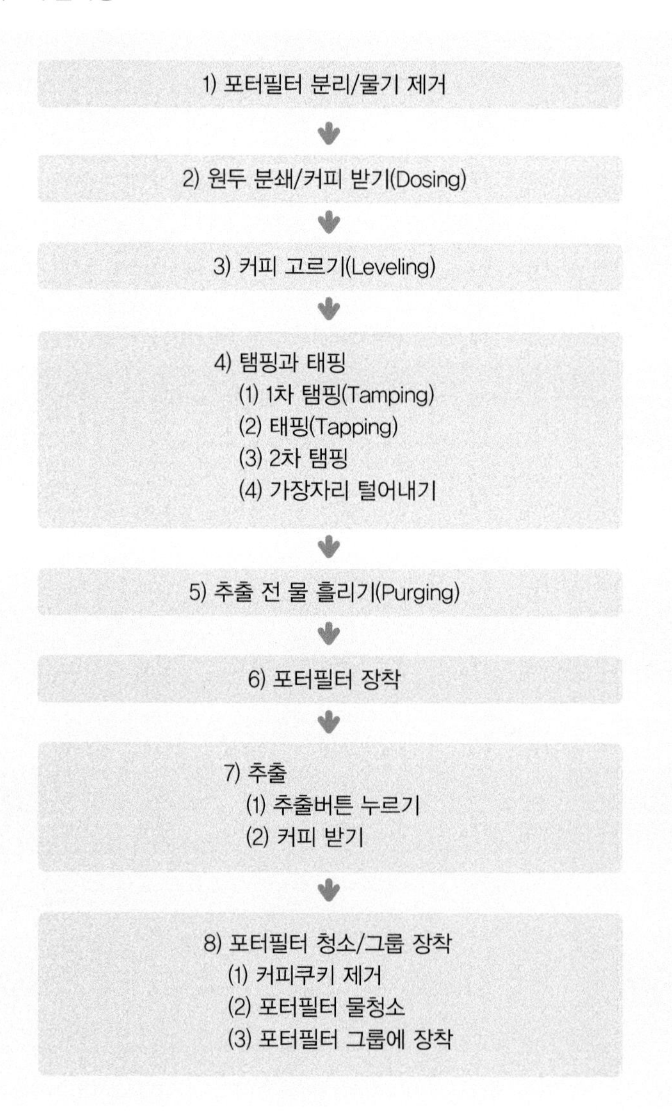

1) 포터필터 분리/물기 제거
2) 원두 분쇄/커피 받기(Dosing)
3) 커피 고르기(Leveling)
4) 탬핑과 태핑
(1) 1차 탬핑(Tamping)
(2) 태핑(Tapping)
(3) 2차 탬핑
(4) 가장자리 털어내기
5) 추출 전 물 흘리기(Purging)
6) 포터필터 장착
7) 추출
(1) 추출버튼 누르기
(2) 커피 받기
8) 포터필터 청소/그룹 장착
(1) 커피쿠키 제거
(2) 포터필터 물청소
(3) 포터필터 그룹에 장착

1) 포터필터 분리 / 물기 제거

그룹헤드에 장착되어 있는 포터필터를 8시 방향 좌측으로 돌려 포터필터를 분리시킨다. 무게가 600g 정도로 무겁기 때문에 떨어뜨리지 않도록 주의한다. 커피를 받기 전에 마른 행주로 필터 바스켓의 물기를 제거한다.

2) 원두 분쇄 Grinding / 커피 받기 Dosing

포터필터를 받침대에 놓고 그라인더의 전원버튼을 누른다. 호퍼(Hopper) 안에 있는 원두가 분쇄되면서 도저(Doser, 용기)에 담긴다. 도저의 배출레버를 앞으로 당겨서 포터필터에 골고루 커피를 받는다. 이 동작을 도징(Dosing)이라고 한다. 포터필터에 70~80% 정도의 커피가 차면 전원버튼을 끄고, 도저에 있는 잔량의 커피로 나머지를 채운다. 분쇄된 커피는 산패가 빨리 진행되어 신선도가 떨어지므로 포터필터에 담을 만큼 분쇄하여 사용한다.

3) 커피 고르기 Leveling

커피의 표면을 고르게 하여 담아주는 것을 '레벨링(Leveling)'이라고 한다. 포터필터에 커피의 표면을 고르게 담지 않으면 빈 공간이 생긴다. 이 부분에서 커피의 물길이 발생하여 과소추출된다.

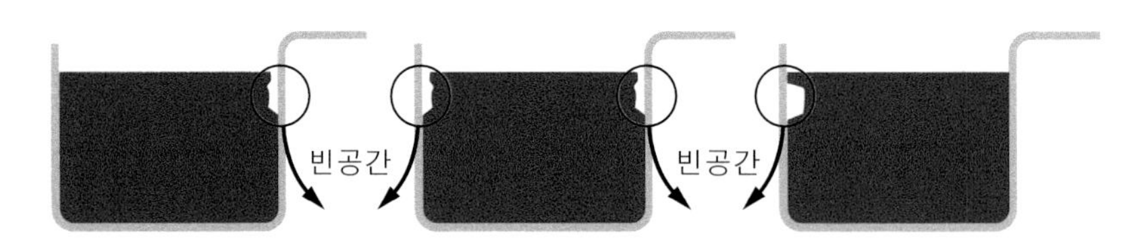

이곳에서 물길(channel)이 발생하여 과소추출됨

4) 탬핑 Tamping 과 태핑 Tapping

탬핑은 기술적인 면에서 바리스타가 하는 마지막 추출기술이다. 보통 1차 탬핑, 태핑, 2차 탬핑 순으로 나누어서 한다. 하지만 바리스타에 따라 탬핑 1회로 그치는 경우도 있다.

(1) 1차 탬핑(Tamping)

탬핑(Tamping)이란 필터 홀더에 담긴 분쇄된 커피를 평평하게 고른 후, 탬퍼(Tamper)로 눌러 다지는 작업을 말한다. 탬핑은 에스프레소 기계로부터 뜨거운 물이 커피 입자 사이로 고르게 통과하게 하기 위한 것이다. 이 과정에서 눌러지는 커피가 어느 한쪽으로 기울게 되면 내려오는 물이 기울어진 곳으로 많이 흘러 커피의 맛이 일정하지 않게 된다. 1차 탬핑은 살짝 다져주는 정도로 하는데 보통 2~3㎏ 정도의 압력으로 커피를 수평으로 부드럽게 눌러준다.

① 탬퍼의 종류

탬퍼는 필터 홀더에 커피를 채우고 단단하게 눌러주는 기구를 말한다. 탬퍼에는 그라인더에 부착되어 있는 탬퍼와 스테인리스 탬퍼, 알루미늄 탬퍼, 플라스틱 탬퍼 등이 있다.

스테인리스 탬퍼는 무게가 있기 때문에 적은 힘으로 탬핑할 수 있다. 알루미늄 탬퍼는 자기 스스로 탬핑하는 힘을 조절하며 사용할 수 있는 것이 장점이다.

플라스틱 탬퍼는 주로 수평을 맞추기 위해 사용한다. 이러한 탬퍼 중에서 자기에게 맞는 탬퍼를 선택해서 사용하면 된다.

② 탬퍼 잡는 방법

탬퍼를 잡는 방법은 바리스타마다 다르다. 일반적으로 엄지와 집게손가락으로 탬퍼를 잡고 누른다. 그러면 손목에 무리를 주지 않으면서 어깨 힘으로 강한 탬핑을 할 수 있다.

(2) 태핑(Tapping)

1차 탬핑을 하고 나면 필터 홀더 내벽에 커피가루가 붙게 된다. 이때 탬퍼 손잡이로 필터 홀더를 2~3회 부드럽게 쳐서 필터 바스켓 안으로 커피가루를 떨어뜨리기 위한 동작을 태핑(Tapping)이라고 한다.

이때 태핑의 강도가 너무 약하면 가루가 떨어지지 않고, 너무 세면 커피의 표면에 균열이 생기므로 가루가 떨어질 정도로만 한다.

(3) 2차 탬핑(Tamping)

2차 탬핑은 자기 몸에 맞는 힘으로 세게 누른다. 보통 13~15㎏ 정도의 압력으로 수평이 되도록 한다. 수평이 맞지 않으면 쓴맛이 강한 에스프레소가 추출된다. 기울기가 내려간 쪽에서 과잉추출이 일어나기 때문이다.

(4) 가장자리 털어내기

탬핑 완료 후 필터 홀더 가장자리에 붙어 있는 커피가루를 손으로 털어내며 마무리 한다. 이때 넉 박스(Knock Box, 찌꺼기통) 위에서 하고, 추출구(Spout)에 커피가루가 묻지 않도록 주의한다.

5) 추출 전 물 흘리기 Purging

그룹헤드에 장착하기 전에 추출버튼을 눌러 물을 2~3초 정도 빼준다. 이는 샤워 스크린에 붙어 있는 찌꺼기를 제거하고, 추출할 때 물의 적정온도를 맞추기 위한 것이다.

6) 포터필터 장착

8시 방향에서 삽입하고 몸 쪽으로 당겨 장착한다. 잘 다져진 커피에 균열이 생기지 않도록 그룹헤드와 충돌이 없게 부드러운 동작으로 끼워 넣는다. 먼저 뒤쪽을 접촉시킨 후 앞쪽을 약간 들어 올리면서 끼우면 쉽다.

7) 추출

포터필터를 장착한 후 바로 추출버튼을 누르고, 워머에 있는 예열된 잔을 내려놓는다. 이때 에스프레소 줄기가 커피잔 바닥에 바로 떨어지면 벽면이 지저분하게 튄다. 따라서 잔의 가장자리에 비스듬하게 떨어지도록 받는 것이 좋다.

8) 포터필터 청소 / 그룹 장착

추출이 완료되면 정리정돈을 한다. 먼저, 포터필터를 뽑아 쿠키의 상태를 눈으로 점검한다. 물이 흥건하거나 홈이 생기면 투입량이 적거나 고르기 동작에서 잘못된 경우이다. 넉 박스(Knock Box)의 고무 손잡이에 살짝 쳐서 쿠키를 버린다. 추출버튼을 눌러 포터필터를 물로 청소한 후 그룹헤드에 장착한다. 포터필터는 항상 그룹헤드에 장착시켜야 온도가 유지되어 다음 추출에 좋은 영향을 준다.

4. 크레마 Crema

에스프레소 추출에서 중요한 요소가 크레마(Crema)이다. 이는 에스프레소 표면에 갈색빛을 띠는 크림(Cream)으로 신선한 커피에서 나오는 지방성분과 향성분이 결합하여 생성된 미세한 거품이다. 색상은 밝은 갈색이거나 황금색이어야 하며 농도가 짙고 촉감이 부드러워야 한다. 두께는 3~4㎖ 정도가 가장 맛있는 에스프레소라 할 수 있다. 완벽한 상태의 크레마는 검은 줄무늬 패턴을 가진다. 크레마의 색깔이나 지속력, 두께 등의 상태로 에스프레소를 평가할 수 있는데 이는 다음과 같은 특성이 있다.

첫째, 단열층의 역할을 하여 커피가 빨리 식는 것을 막아준다. 커피의 향을 함유한 지방성분이 많아 보다 풍부하고 강한 커피 향을 느낄 수 있게 한다. 또 그 자체가 부드럽고 상쾌한 맛, 단맛 등을 지니고 있어 에스프레소의 일미로 통하고 있다.

둘째, 크레마는 추출 후 점차 없어지는데 3분 이상 거품이 쌓여 있는 것이 잘 만들어진 것이다. 만약 빛깔이 연하고 거품의 밀도가 낮으면 추출된 커피 양이 적은 것이고, 너무 어둡거나 밀도가 높으면 추출된 커피 양이 많은 것이다.

셋째, 일반적으로 커피 표면에 3~4㎖ 정도의 크레마가 있어야 잘 추출된 에스프레소라고 할 수 있다. 설탕 한 스푼을 넣었을 때 바로 가라앉지 않고, 크레마 위에 잠시 얹혀 있다가 떨어지면 적당한 것이다.

5. 우유 거품과 휘핑크림

우유 거품과 크림은 커피 맛을 한층 더 고소하고 부드럽게 만든다. 우유 거품은 압력에 의한 스팀이 우유 표면에 부딪혀 미세한 진동이 발생하여 만들어진다. 휘핑크림은 생크림에 거품이 일게 한 것으로 커피에 토핑을 하여 풍성한 식감을 느끼게 한다.

1) 우유 거품 만들기

우유 거품은 보일러에서 만들어진 수증기가 스팀 노즐(Steam Nozzle)을 통해 분출되면서 주변의 공기를 끌고 들어가 만들어진다. 그런데 스팀 노즐을 피처에 깊게 담그면 공기의 유입을 막아 거품이 적게 일어나고 온도만 상승하게 된다. 반대로 우유 표면 위쪽으로만 스팀 노즐을 고정시키면 소음만 커지고 거친 거품이 만들어진다.

따라서 스팀 노즐을 적당한 깊이로 유지해서 거품이 충분히 형성되면 스팀 노즐을 피처 벽쪽으로 이동시킨다. 이때 우유는 소용돌이치면서 윗부분에 쌓여 있던 우유 거품이 속으로 빨려 들어가 골고루 혼합되어 작은 입자의 고운 거품이 만들어진다.

(1) 스팀 피처

스팀 피처는 우유를 데우거나 거품을 만들 때 사용하는 도구이다. 주로 350㎖, 600㎖, 900㎖ 용량을 사용한다. 재질은 컵이나 유리 제품보다 스테인리스가 좋다. 열전도율이 높고, 손으로 온도를 감지할 수 있기 때문이다. 또한 깨어지거나 변형될 염려가 적어 사용하기에 편리하다. 일반적으로 아래는 넓고 위는 좁은 형태를 이루고 있다.

(2) 우유 거품 만들기 과정

우유 거품은 노즐 팁을 통해 나온 수증기의 압력을 이용하여 우유 속에 공기를 주입시켜 거품을 만들고, 우유를 데우는 과정을 거쳐서 만든다.

① 스팀 피처에 우유 담기

스팀 피처 용량의 약 40% 정도로 우유를 채운다. 이때 스팀 피처와 우유는 차가운 상태여야 거품이 잘 만들어진다. 스팀 피처가 차갑지 않으면 우유의 온도가 더 빨리 올라가기 때문이다. 우유의 적정 보관온도는 5℃ 정도이다.

우유의 적량

구분	피처 용량(㎖)	우유의 적량(㎖)
1잔	350㎖	120㎖
2잔	600㎖	200㎖
3~4잔	900㎖	350㎖

우유 거품 만들기 과정

① 스팀 피처에 우유 담기

↓

② 스팀 노즐의 물 빼기

↓

③ 스팀 노즐 담그기

↓

④ 거품 만들기
- 공기 주입
- 혼합
- 가열

↓

⑤ 스팀 노즐 청소

⑥ 잔여 거품 없애기

⑦ 우유 거품 따르기

② 스팀 노즐의 물 빼기

스팀 노즐[에스프레소 기계 내의 보일러에 연결되어 있으며 보통 1.0~1.5bar 정도의 압력스팀이 분출됨. 노즐 구멍은 3~5개이고 분출되는 압력과 각도는 제조 회사별로 약간씩 차이가 있음]에는 스팀이 식으면서 노즐 구멍(Tip)에 약간의 물이 고여 있다. 그대로 사용하면 우유에 물이 섞이면서 농도가 옅어진다. 따라서 우유 거품을 만들기 전에 스팀 밸브를 열어 물을 빼주어야 한다. 행주를 감싼 상태에서 1~2초 정도가 적당하다.

③ 스팀 노즐 담그기

처음 스팀 노즐은 스팀 피처 아래로 깊이 담근다. 이때 스팀 노즐과 우유의 표면이 서로 직각이 되게 하고 스팀 밸브를 최대로 올린다. 처음부터 노즐을 너무 낮게 담그면 강한 스팀으로 공기가 많이 주입되어 거친 거품이 만들어지기 때문이다. 이후 서서히 스팀 노즐의 높이를 조절한다.

④ 거품 만들기

• 공기 주입 : 스팀 노즐을 깊이 담근 상태에서 스팀 밸브를 열고 서서히 스팀 피처를 아래로 내린다. 노즐 팁이 우유 표면으로 노출되면서 주변의 공기를 끌고 들어가 거품이 생성된다. 공기 주입은 우유가 스팀 피처의 70% 정도 찰 때까지 해준다. 우유의 온도가 상승하면 거품이 만들어지지 않으므로 35℃가 되기 전에 빠른 속도로 공기를 주입한다.

• 혼합 : 우유 위에 형성된 작은 거품을 고운 거품으로 만드는 과정이다. 원하는 양만큼 거품이 생성되면 스팀 피처를 내리지 말고 그 위치에서 노즐 팁의 위치를 고정시킨다. 그러면 노즐 팁 부분만 잠기면서 스팀 압력에 의

한 회전으로 고운 거품이 만들어진다. 혼합과정에서는 공기가 더 이상 주입되지 않도록 주의한다.

- 가열 : 혼합이 끝나면 우유의 부피가 스팀 피처의 80~90%까지 커지므로 온도가 65~70℃ 정도 될 때까지 가열한다. 충분히 가열되면 신속하게 스팀 밸브를 잠근다. 시각적으로 우유 거품이라기보다는 생크림처럼 보인다.

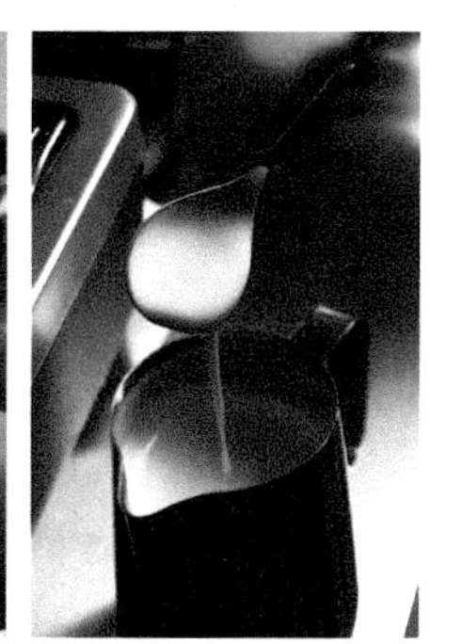

⑤ **스팀 노즐 청소**

스팀 사용 후에 노즐을 신속하게 닦아야 한다. 스팀 노즐에 묻어 있던 우유가 열에 의해 굳어지거나 노즐 팁이 막히는 것을 방지하기 위함이다. 먼저, 스팀을 1~2초 정도 분사하고, 젖은 행주로 노즐을 닦는다. 노즐 팁은 수시로 분리해서 청소한다.

⑥ 잔여 거품 없애기

거품을 만든 후에 표면을 보면 거품들이 남아 있을 수 있다. 이 거품을 없애기 위해서는 스팀 피처를 바닥에 2~3회 내리치고, 크게 회전을 1~2회 시켜주면 큰 거품이 가라앉고, 고운 거품을 얻을 수 있다. 이 동작은 신속하게 이루어져야 한다.

⑦ 우유 거품 따르기

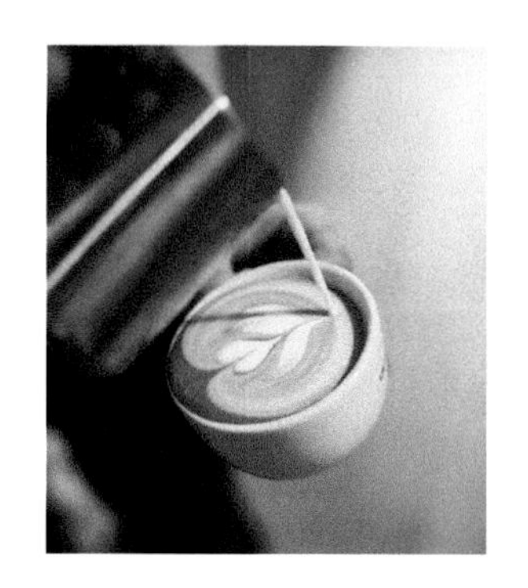

처음 잔에 우유를 따를 때에는 적은 양으로 잔 가운데의 5~10㎝ 정도 높이에서 부어준다. 이때 잔에 부어주는 위치는 한곳에 계속 붓지 말고 좌우로 옮겨주는 것이 좋다. 이는 크레마가 깨지지 않고, 크레마 밑으로 우유 거품이 형성돼야 모양 만들기가 쉽기 때문이다.

커피가 절반을 넘으면 빠르게 피처를 내려 잔의 가운데서 흔들면서 서서히 양을 늘린다. 거품의 양은 그림이 그려질 때까지 계속 늘리면 된다. 이때 커피의 양이 올라온다고 스팀 피처를 위로 올리면 안 된다. 이럴 경우 그림이 그려지다가 사라질 수 있기 때문이다.

2잔을 동시에 만들 경우에는 보조 피처를 사용하는 것이 좋다. 이는 2잔의 거품을 똑같이 만들기 위한 것이다. 이렇게 보조 피처를 사용해서 두 번째 잔을 만들 때는 보조 피처에 있는 거품을 스팀 피처에 부어준 후 다시 한번 회전시킨다.

(3) 우유 데우기

우유 데우기는 우유 거품 내기보다 쉽다. 우유를 데울 때는 노즐을 깊이 담근 상태에서 스팀을 열어 우유의 온도를 높여주면 된다. 우유 온도가 약

65~70℃ 정도 되면 스팀 밸브를 잠근다. 스팀을 사용한 후에는 스팀을 1~2초 정도 분사해서 우유 찌꺼기를 빼고, 젖은 행주로 노즐을 닦는다.

2) 휘핑크림 만들기

휘핑기는 크림을 섬세한 모양으로 만들 수 있어 사용하기에 편리한 도구이다. 500㎖의 휘핑기를 열고 2/3 정도까지 크림을 채운다. 그리고 그 위에 우유를 약간 넣어주면 모양이 아주 탐스러운 휘핑크림이 나온다. 또한 시럽을 첨가해 주면 색깔도 예쁘고 맛있는 휘핑크림이 된다.

그 다음 질소가스를 가스 홀더에 넣고 쉿 소리가 날 때까지 홀더를 휘핑기에 돌려 넣어 잠근다. 휘핑기를 여러 번 흔들고 난 후 거꾸로 들고 손잡이를 가볍게 당기면 휘핑크림이 만들어진다. 사용하고 남으면 냉장고에 보관한다. 크림은 동물성과 식물성, 과당과 무과당의 제품이 있다. 추구하는 맛에 따라 선택하면 된다.

휘핑기를 청소할 때는 남아 있는 질소가스를 완전히 제거한 후 분리해야 한다. 가스가 남은 상태에서 열면 가스의 압력 때문에 위험하다.

6. 에스프레소의 추출편차가 발생하는 이유

바리스타의 능력에 따라 커피 맛이 좌우된다. 에스프레소를 추출할 때 기계의 특성을 파악하고 원두의 변화와 추출원리를 이해하여야 한다. 다음은 커피를 추출할 때 발생하는 여러 가지 편차에 대한 사례이다.

현상	원인	해결
커피의 향이 너무 약하다.	• 커피의 사용량이 적다. • 커피의 보관이 잘못되었다. • 커피의 분쇄입자가 굵다. • 물의 추출압력이 낮다. • 물에 석회질 성분이 많다.	• 6~8g의 커피를 사용한다. • 실온 보관된 커피를 사용한다. • 분쇄입자의 굵기를 조절한다. • 8~10bar로 압력을 조절한다. • 연수기의 물을 사용한다.
커피가 신맛이 난다.	• 커피를 너무 엷게 볶았다. • 커피 추출온도가 너무 낮다. • 커피 추출시간이 짧았다.	• 강배전된 원두와 블렌딩한다. • 90~95℃로 온도를 조절한다. • 20~30초에서 추출을 한다.
커피가 너무 쓰다.	• 커피의 사용량이 많다. • 원두가 강배전되었다. • 로부스타종이 다량 함유되었다. • 커피의 분쇄입자가 가늘다.	• 6~8g의 커피를 사용한다. • 약배전된 원두와 혼합을 한다. • 아라비카종과 혼합을 한다. • 분쇄입자의 굵기를 조절한다.
크레마가 많지 않다.	• 필터바스켓이 막혀서 추출시간이 오래 걸렸다. • 헤드필터가 막혀서 추출이 고르게 되지 않았다. • 추출수 온도가 매우 높다. • 추출속도가 매우 빠르다.	• 필터바스켓을 청소하거나 교체한다. • 헤드필터를 청소하거나 교체한다. • 추출수 온도를 낮춘다. • 투입량과 분쇄 굵기를 조절한다.
추출시간이 오래 걸린다.	• 분쇄커피가 너무 가늘다. • 탬핑의 강도가 너무 강하다. • 커피의 투입량이 매우 많다. • 펌프압력이 9bar 이하이다.	• 그라인더 입자 굵기를 조절한다. • 탬핑의 강도를 약하게 한다. • 커피의 투입량을 줄인다. • 펌프압력을 9bar로 높인다.

자료 : 카페 & 바리스타, 백산출판사, 2012.

1. 에스프레소의 추출기준에 대하여 설명하시오.
2. 에스프레소의 기본 메뉴에는 무엇이 있는가.
3. 에스프레소 추출과정에 대하여 기술하시오.
4. 탬핑과 태핑의 방법과 요령을 설명하시오.
5. 크레마(Crema)의 특성에 대하여 설명하시오.
6. 우유 거품 만들기 과정을 설명하시오.

Chapter 4

에스프레소 메뉴

에스프레소는 모든 메뉴의 기본이 된다. 에스프레소 커피에 우유나 휘핑크림, 초콜릿, 캐러멜, 향신료 시럽 등을 첨가하여 다양하게 만들 수 있다. 그리고 커피의 온도에 따라 핫(Hot), 아이스(Iced), 디자인을 접목시킨 라테아트(Latte Art) 등으로 구분하고 있다.

핫 메뉴 / 아이스 메뉴 / 라테아트

에스프레소 Espresso

아주 진한 이탈리아식 커피이다. 영어의 익스프레스(Express, 빠르다)에서 유래하였다.

에스프레소 ···································· 25~30㎖

1. 잔에 에스프레소를 추출한다.
2. 물과 설탕을 함께 제공한다.

Memo 에스프레소는 모든 메뉴의 기본이 된다.

리스트레토 Ristretto

이탈리아어로 '농축하다'는 뜻으로 짧게 추출한 에스프레소를 말한다. 일반 에스프레소보다 진하고 향미가 강하다.

에스프레소 ···································· 15~25㎖

1. 잔에 에스프레소를 추출한다.
2. 물과 설탕을 함께 제공한다.

Memo 잔은 미리 따뜻하게 데워서 제공한다.

룽고 Lungo

영어의 롱(Long, 긴, 오랜)에서 유래되었다. 길게 추출한 에스프레소를 말한다.

에스프레소 ·· 35~45㎖

1. 잔에 에스프레소를 길게 추출한다.
2. 물과 설탕을 함께 제공한다.

Memo 원두는 1샷의 분량으로 추출시간을 길게 하여 묽게 추출한 커피이다.

도피오 Doppio

영어의 더블(Double, 두 배)에서 유래되었다. 일반 에스프레소 양의 두 배가 된다.

에스프레소 ·· 50~60㎖

1. 잔에 에스프레소를 추출한다.
2. 물과 설탕을 함께 제공한다.

Memo 리스트레토나 룽고도 도피오가 가능하다.

카페 로마노 Caffè Romano

리스트레토(Ristretto)에 레몬조각을 얹은 커피이다.

에스프레소, 리스트레토 ······ 15㎖
레몬 ······ 1조각

HOT

1. 잔에 에스프레소를 추출한다.
2. 레몬껍질로 조각을 만든다.
3. 물과 설탕을 함께 제공한다.

Memo 레몬의 산성분 때문에 크레마가 약해지므로 접시에 별도로 제공한다.

카페 마키아토 Caffè Macchiato

마키아토는 '점을 찍다'는 뜻이다. 에스프레소 위에 우유 거품으로 살짝 점을 찍듯 얹은 커피이다.

에스프레소 ······ 30㎖
우유 거품 ······ 2~3스푼

1. 잔에 에스프레소를 추출한다.
2. 에스프레소에 우유 거품을 스푼으로 올려 둥근 모양을 만든다.

Memo 각종 향 시럽을 넣어 다양한 풍미를 가미할 수 있다. 설탕을 우유 거품 위에 뿌려서 젓지 않고 먹는다.

카페 콘파냐
Caffè Con Panna

콘(con)은 '섞다' 파냐(Panna)는 '크림'이라는 뜻이다. 에스프레소 위에 휘핑크림을 얹은 것으로 풍성한 식감을 느끼게 한다.

에스프레소 ········ 30㎖
휘핑크림 ········ 적량

HOT

1. 잔에 에스프레소를 추출한다.
2. 에스프레소 위에 휘핑크림을 올린다. 이때 휘핑기를 잔의 내벽에 붙이고 원을 그리며 크림을 올린다.

Memo 티스푼으로 크림의 부드럽고 달콤한 맛을 떠먹거나 설탕을 위에 뿌려주면 새로운 느낌의 맛을 즐길 수 있다.

카페라테 Caffè Latte

라테는 '우유'라는 뜻이다. 에스프레소에 우유를 더한 커피이다. 커피의 농도가 연한 것이 특징으로 아침에 주로 마신다.

에스프레소 ········ 30㎖
스팀우유 ········ 적량
우유 거품 ········ 0.5㎝

1. 잔에 에스프레소를 추출한다.
2. 에스프레소에 스팀우유를 채운다.
3. 우유 거품을 0.5㎝ 정도 올린다.

Memo 카푸치노와 비슷하나 우유의 양이 더 많고 거품은 적다.

카푸치노 Cappuccino

'가톨릭 수도사'가 쓴 모자가 카푸치노의 우유 거품을 닮아서 붙여진 이름이다.

에스프레소 ········ 30㎖
스팀우유 ········ 8부
우유 거품 ········ 2㎝

1. 잔에 에스프레소를 추출한다.
2. 에스프레소에 스팀우유를 채운다.
3. 우유 거품을 올린다.
4. 기호에 따라 계핏가루로 장식한다.

Memo 우유와 거품이 조화를 이루는 커피이다.

카페모카 Caffè Mocha

모카는 예멘의 항구도시 이름이다. 여기서 출하되는 커피를 모카라고 한다. 모카는 초콜릿 향이 나는 커피로 명성이 높다.

에스프레소 ········ 30㎖
초콜릿 소스 ········ 15㎖
스팀우유 ········ 100㎖
휘핑크림 ········ 적량

1. 잔에 에스프레소를 추출한다.
2. 초콜릿 소스를 넣고 휘젓는다.
3. 스팀우유로 채운다.
4. 휘핑크림을 올린다.
5. 초콜릿 소스나 코코아가루로 장식한다.

Memo 초콜릿 맛의 달콤한 커피이다. 기호에 따라 땅콩가루나 아몬드로 장식한다.

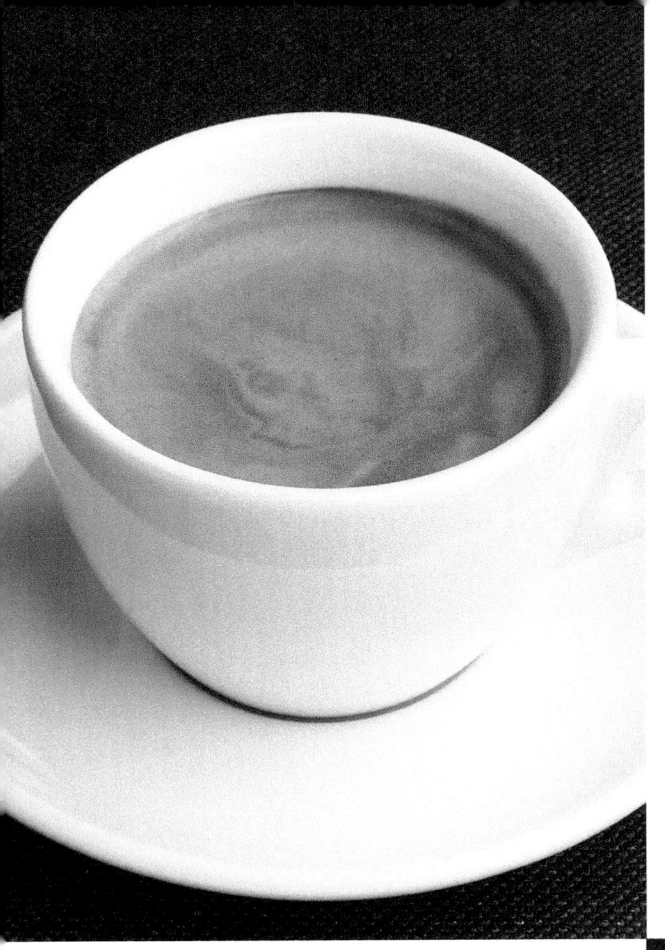

아메리카노 Americano

이탈리아에서 미국인의 입맛에 맞춘 커피이다. 에스프레소에 뜨거운 물을 첨가한 것으로 농도가 연한 맛이다.

에스프레소	30㎖
뜨거운 물	8부

HOT

1. 잔에 뜨거운 물을 채운다.
2. 에스프레소를 붓는다.

Memo 원하는 농도에 따라 리스트레토, 룽고를 이용해서 아메리카노를 만들 수 있다.

카페 비엔나 Caffè Vienna

오스트리아의 수도 빈(Wien)에서 유래된 커피이다. 아메리카노에 휘핑크림을 올려 만든다.

에스프레소	30㎖
설탕	1티스푼
뜨거운 물	8부
휘핑크림	적량

1. 잔에 설탕을 넣는다.
2. 에스프레소를 넣고 휘젓는다.
3. 뜨거운 물로 채운다.
4. 휘핑크림을 올린다.
5. 아몬드 슬라이스로 장식한다.

Memo 뜨거운 물 대신에 우유를 사용해도 좋다.

캐러멜 마키아토

Caramel Macchiato

'카페 마키아토'의 변형된 메뉴이다.

에스프레소	30㎖
캐러멜 시럽	15㎖
스팀우유	7부
우유 거품	2㎝
캐러멜 소스	적량

1. 잔에 캐러멜 소스로 띠를 만든다.
2. 스팀우유로 채운다.
3. 캐러멜 시럽, 에스프레소를 넣는다.
4. 우유 거품을 올린다.
5. 붓으로 에스프레소를 찍어 +를 만든다.
6. 캐러멜 소스로 ×를 만든다.
7. 핀을 이용해서 가장자리부터 나선형으로 돌린다.

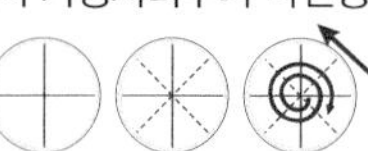

Memo 거품 위에 하트나 글자 등을 써도 좋다.

라테 마키아토

Latte Macchiato

우유와 커피가 층을 이루어 시각적 효과가 높은 메뉴이다.

에스프레소, 룽고	45㎖
설탕 시럽	15㎖
스팀우유	9부

1. 잔에 설탕 시럽을 넣는다.
2. 스팀우유로 채운다.
3. 잔 중앙에서 에스프레소를 넣는다.

Memo 설탕 시럽 대신 캐러멜이나 딸기 시럽을 사용해도 좋다.

캐러멜 카페모카
Caramel Caffè Mocha

'카페모카'에 캐러멜 시럽을 넣어 부드러운 단맛을 더한 메뉴이다.

에스프레소 ········· 30㎖
초콜릿 소스 ········· 15㎖
캐러멜 시럽 ········· 10㎖
스팀우유 ········· 100㎖
휘핑크림 ········· 적량

HOT

1. 잔에 초콜릿, 캐러멜 시럽을 넣는다.
2. 에스프레소를 넣고 휘젓는다.
3. 스팀우유로 채운다.
4. 휘핑크림을 올린다.
5. 초콜릿, 캐러멜 소스로 장식한다.

Memo 기호에 따라 땅콩가루나 아몬드, 초콜릿 칩으로 장식한다.

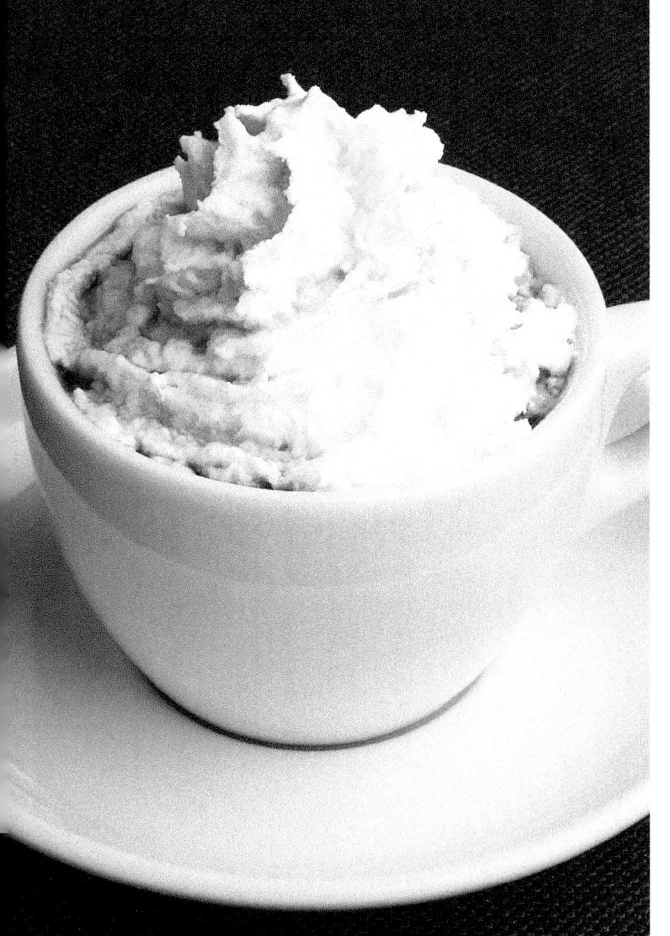

민트 카페모카
Mint Caffè Mocha

'카페모카'에 박하의 청량감을 더한 메뉴이다.

에스프레소 ········· 30㎖
초콜릿 소스 ········· 15㎖
민트 시럽 ········· 10㎖
스팀우유 ········· 8부
휘핑크림 ········· 적량

HOT

1. 잔에 초콜릿, 민트 시럽을 넣는다.
2. 에스프레소를 넣고 휘젓는다.
3. 스팀우유로 채운다.
4. 휘핑크림을 올린다.
5. 민트 시럽으로 장식한다.

Memo 기호에 따라 레인보우 설탕이나 초콜릿 칩으로 장식한다.

모카치노 Mochaccino

'카페모카'에서 변형된 메뉴이다. 우유의 단백질과 지방이 커피의 깊고 풍부한 맛을 잘 살려준다.

에스프레소 ······ 30㎖
초콜릿 시럽 ······ 15㎖
스팀우유 ······ 15㎖
우유 거품 ······ 적량

1. 잔에 초콜릿 시럽을 넣는다.
2. 에스프레소를 넣는다.
3. 스팀우유를 넣는다.
4. 우유 거품을 올린다.

Memo 초콜릿가루나 칩으로 장식한다.

녹차라테 Green Tea Latte

봄의 여린 녹차 잎만 그대로 간 마차와 우유를 섞어 쌉싸래하고 진한 맛이다.

녹차 파우더 ······ 20g
스팀우유 ······ 적량

1. 잔에 녹차 파우더를 넣는다.
2. 스팀우유를 절반 정도 넣고 휘젓는다.
3. 나머지 스팀우유로 채운다.
4. 녹차 잎과 하트로 장식한다.
   ① 먼저 스푼으로 스팀우유 5개를 올린다.
   ② 핀으로 스팀우유 중앙을 관통하며 연결한다.

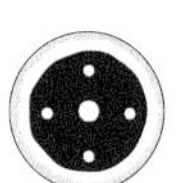
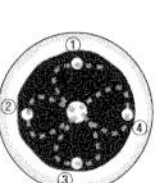
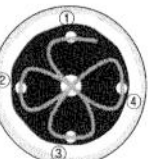

Memo 에칭(etching)도구로 녹차 잎과 하트를 연출한다.

고구마라테
Sweet Potato Latte

담백한 우유와 달콤한 고구마가 조화를 이루는 메뉴이다. 식이섬유와 칼륨이 풍부해서 다이어트를 원하는 여성들의 선호도가 높다.

고구마 페이스트 ········ 50㎖
생크림 ········ 20㎖
우유 ········ 120㎖

HOT

1. 스팀피처에 고구마, 생크림, 우유를 넣는다.
2. 스팀을 하면서 수시로 저어준다.
3. 아몬드 슬라이스로 장식한다.

Memo 한국적인 특색을 고스란히 담은 한류메뉴로 인기가 높다.

카페 마니아 Caffè Marnier

에스프레소에 코냑과 오렌지 풍미를 더한 커피이다.

에스프레소, 룽고 ········ 45㎖
그랑마니아 ········ 15㎖

1. 잔에 에스프레소를 넣는다.
2. 그랑마니아로 채운다.

Memo Grand Marnier는 코냑과 오렌지의 향이 조화롭게 어우러진 리큐르이다.

아이리쉬커피

Irish Coffee

아일랜드 더블린공항의 로비라운지에서 겨울철 승객들에게 제공하면서 일반화되었다.

아이리쉬위스키 ···· 15㎖
에스프레소, 룽고 ···· 45㎖
설탕 ···· 1티스푼
뜨거운 물 ···· 8부
휘핑크림 ···· 적량

1. 잔 둘레에 레몬즙을 묻힌다.
2. 접시에 있는 설탕을 찍는다.
3. 잔에 설탕, 위스키를 넣는다.
4. 에스프레소를 넣고 휘젓는다.
5. 뜨거운 물로 채운다.
6. 휘핑크림을 올린다.

Memo 아이리쉬는 아일랜드에서 만들어지는 위스키이다.

아이스 아메리카노

Iced Americano

여름철에 차갑게 즐길 수 있는 메뉴이다.

에스프레소 ···· 30㎖
얼음 ···· 1컵
냉수 ···· 8부

1. 잔에 얼음을 넣는다.
2. 냉수로 채운다.
3. 에스프레소를 넣는다.

Memo 바닐라, 초콜릿, 설탕 시럽 등으로 단맛을 더해도 좋다.

아이스 카페라테
Iced Caffè Latte

부드럽고 고소한 맛이 특징인 메뉴이다.

에스프레소, 도피오 ········ 60㎖
우유 ········ 8부
얼음 ········ 1컵

1. 잔에 얼음을 넣는다.
2. 우유로 채운다.
3. 에스프레소를 넣는다.

Memo 우유와 커피가 2개 층이 되어 시각적인 효과가 있다.

아이스 카푸치노
Iced Cappuccino

진한 커피 맛과 부드러운 우유 거품이 잘 조화된 메뉴이다.

에스프레소 ········ 30㎖
우유 ········ 6부
우유 거품 ········ 적량
얼음 ········ 1컵

1. 잔에 얼음을 넣는다.
2. 우유로 채운다.
3. 에스프레소를 넣는다.
4. 쉐이커에 우유를 넣고 흔들어 거품을 만든다.
5. 스푼으로 우유 거품을 올린다.
6. 초콜릿이나 계핏가루로 장식한다.

Memo 신선한 우유를 사용해야 거품이 잘 만들어진다.

아이스 카페모카
Iced Caffè Mocha

달콤하면서 고소한 맛의 아이스커피이다.

에스프레소 ······ 30㎖
초콜릿 시럽 ······ 30㎖
얼음 ······ 1컵
우유 ······ 8부
휘핑크림 ······ 적량

1. 잔에 초콜릿 시럽으로 띠를 만든다.
2. 에스프레소를 넣는다.
3. 우유로 채운다.
4. 얼음을 넣는다.
5. 휘핑크림을 올린다.
6. 초콜릿 시럽으로 장식한다.

Memo 잔에 초콜릿 시럽을 30㎖ 정도 넣고 45도로 기울이면 띠가 만들어진다.

아이스 캐러멜 마키아토
Iced Caramel Macchiato

부드러운 우유 거품과 함께 캐러멜의 달콤한 맛이 조화를 이룬다.

에스프레소, 도피오 ······ 60㎖
캐러멜 시럽 ······ 30㎖
얼음 ······ 1컵
우유 ······ 6부
우유 거품 ······ 적량
캐러멜 소스 ······ 적량

1. 잔에 캐러멜 소스로 띠를 만든다.
2. 캐러멜 시럽을 넣는다.
3. 우유로 채운다.
4. 얼음을 넣는다.
5. 스푼으로 우유 거품을 올린다.
6. 에스프레소를 넣는다.

Memo 아이스커피의 우유 거품은 쉐이커에 우유를 넣고 흔들어서 만든다.

카페모카 프라페

Caffè Mocha Frappe

'카페모카'에 바닐라 아이스크림을 더한 메뉴이다.

에스프레소	30㎖
모카 프라페 파우더	40g
초콜릿 시럽	15㎖
얼음	1컵
우유	50㎖
휘핑크림	적량

ICED

1. 스팀피처에 에스프레소, 파우더, 초콜릿을 넣고 휘젓는다.
2. 믹서에 스팀피처의 재료와 우유, 얼음을 넣고 돌린다.
3. 잔에 붓고, 휘핑크림을 올린다.

Memo 초콜릿 소스 대신에 화이트 초콜릿 소스로 바꾸면 화이트 초콜릿 프라페가 된다.

캐러멜 프라페

Caramel Frappe

진한 커피 맛과 캐러멜, 달콤한 아이스크림이 조화를 이룬 메뉴이다.

에스프레소	30㎖
캐러멜 소스	45㎖
캐러멜 시럽	15㎖
얼음	1컵
우유	50㎖
휘핑크림	적량

ICED

1. 스팀피처에 에스프레소, 캐러멜 소스, 시럽을 넣고 휘젓는다.
2. 믹서에 스팀피처의 재료와 우유, 얼음을 넣고 돌린다.
3. 잔에 붓고, 휘핑크림을 올린다.

Memo 캐러멜 소스 대신에 헤이즐넛 시럽으로 바꾸면 헤이즐넛 프라페가 된다.

민트 칩 프라페
Mint Chip Frappe

시원하고 상쾌한 민트와 상큼 달달한 민트 칩이 기분 좋아지게 만든다.

민트 시럽 ········· 20㎖
민트 칩 파우더 ········· 40g
우유 ········· 100㎖
얼음 ········· 1컵

1. 믹서에 우유, 파우더, 시럽, 얼음을 넣고 돌린다.
2. 잔에 붓고, 휘핑크림을 올린다.
3. 민트 시럽과 초콜릿 칩으로 장식한다.

Memo 박하(mint)는 잎을 약용하고 향기가 좋아 향료, 음료, 사탕 원료로 많이 쓴다.

칼루아 & 밀크
Kahlua & Milk

커피, 우유가 혼합된 고소한 맛의 메뉴이다.

칼루아 ········· 45㎖
우유 ········· 15㎖

1. 잔에 얼음을 넣는다.
2. 칼루아를 넣는다.
3. 우유를 넣고 휘젓는다.

Memo 칼루아는 럼에 멕시코의 아라비카 커피로 만든 리큐르이다.

베일리스 아이리쉬커피
Baileys Irish Coffee

아이리쉬위스키에 초콜릿, 크림 등이 혼합되어 달콤한 커피이다.

베일리스 아이리쉬크림 ···················· 30㎖
에스프레소, 리스트레토 ···················· 15㎖
우유 ···················· 30㎖

1. 잔에 얼음을 넣는다.
2. 에스프레소를 넣는다.
3. 아이리쉬크림을 넣는다.
4. 우유를 넣고 휘젓는다.

Memo 베일리스 아이리쉬크림은 위스키에 크림이 배합된 리큐르이다.

블루베리 스무디
Blueberry Smoothie

스무디는 각종 영양성분이 많은 과일을 얼음과 섞어 갈아서 만든다.

블루베리 퓌레 ···················· 80㎖
우유 ···················· 75㎖
얼음 ···················· 1컵

ICED

1. 믹서에 우유와 퓌레를 넣는다.
2. 크러쉬 얼음을 넣고 돌린다.

Memo 블루베리는 비타민, 미네랄을 풍부하게 함유하고 있어 신진대사를 활발하게 한다.

딸기 스무디
Strawberry Smoothie

'비타민의 여왕'이라 불리는 딸기는 봄철 과일로 인기가 많다.

딸기 퓌레 ········· 80㎖
우유 ········· 75㎖
얼음 ········· 1컵

1. 믹서에 우유와 퓌레를 넣는다.
2. 크러쉬 얼음을 넣고 돌린다.

Memo 딸기는 비타민 C가 풍부하여 항산화작용이 뛰어난 과일이다.

플레인요거트스무디
Plain Yogurt Smoothie

요거트의 맛 그대로 느낄 수 있는 메뉴이다.

플레인 요거트 ········· 100㎖
요거트 파우더 ········· 40g
우유 ········· 50㎖
얼음 ········· 1컵

1. 믹서에 요거트, 파우더, 우유를 넣는다.
2. 크러쉬 얼음을 넣고 돌린다.

Memo 플레인은 설탕이나 과일 등 아무것도 가미하지 않은 음료의 상태를 말한다.

라테아트(Latte Art)

라테아트란 디자인을 접목시킨 커피를 말한다. 커피 표면에 우유 거품으로 나뭇잎이나 하트 등의 여러 가지 모양을 그려 시각적인 효과를 극대화시킨 것이다. 최상의 에스프레소와 우유 거품, 손동작 등의 3요소가 필요하다. 특히 적당한 농도와 밀도의 우유 거품이 핵심 포인트이다.

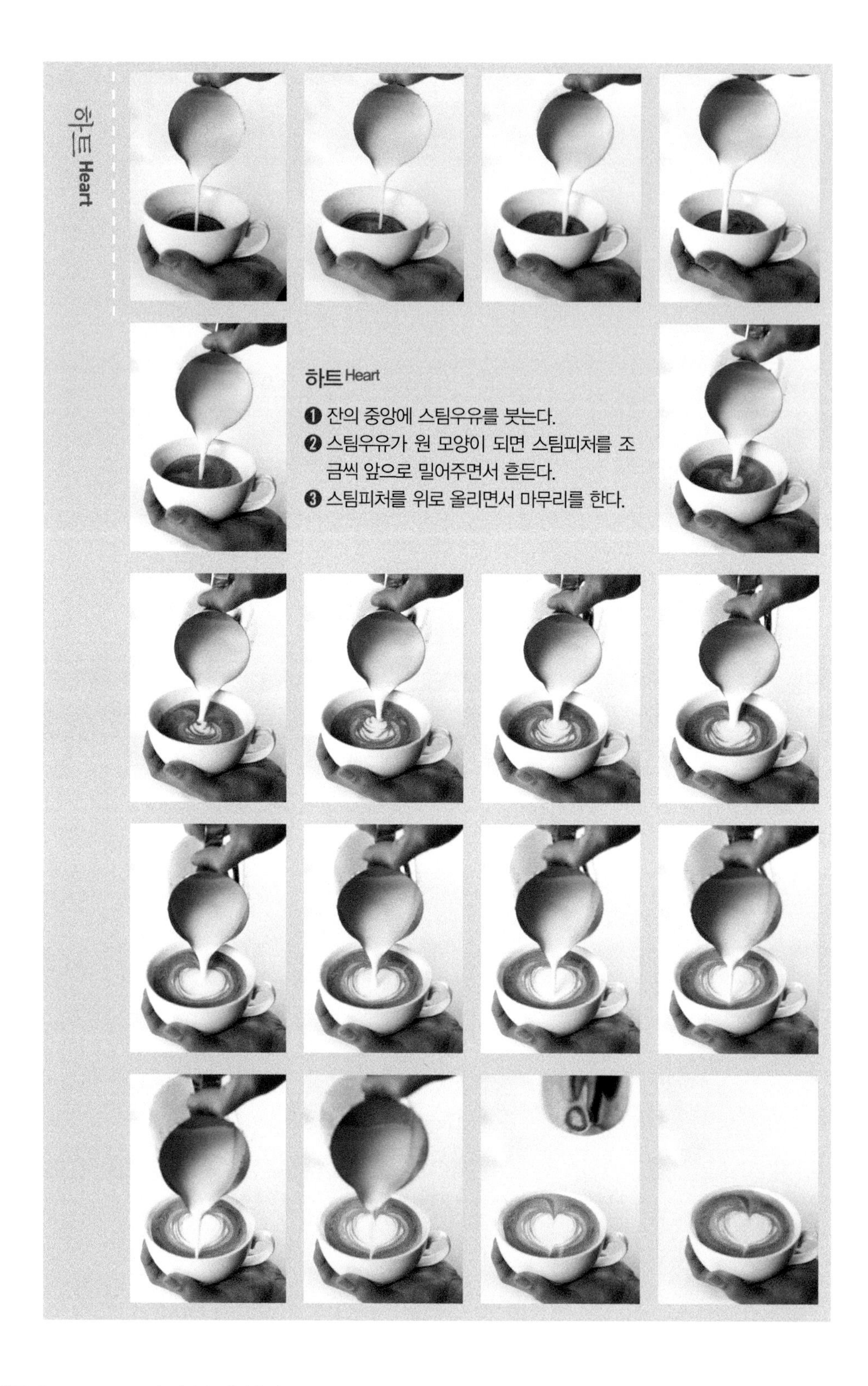
하트 Heart
하트 Heart
❶ 잔의 중앙에 스팀우유를 붓는다.
❷ 스팀우유가 원 모양이 되면 스팀피처를 조금씩 앞으로 밀어주면서 흔든다.
❸ 스팀피처를 위로 올리면서 마무리를 한다.

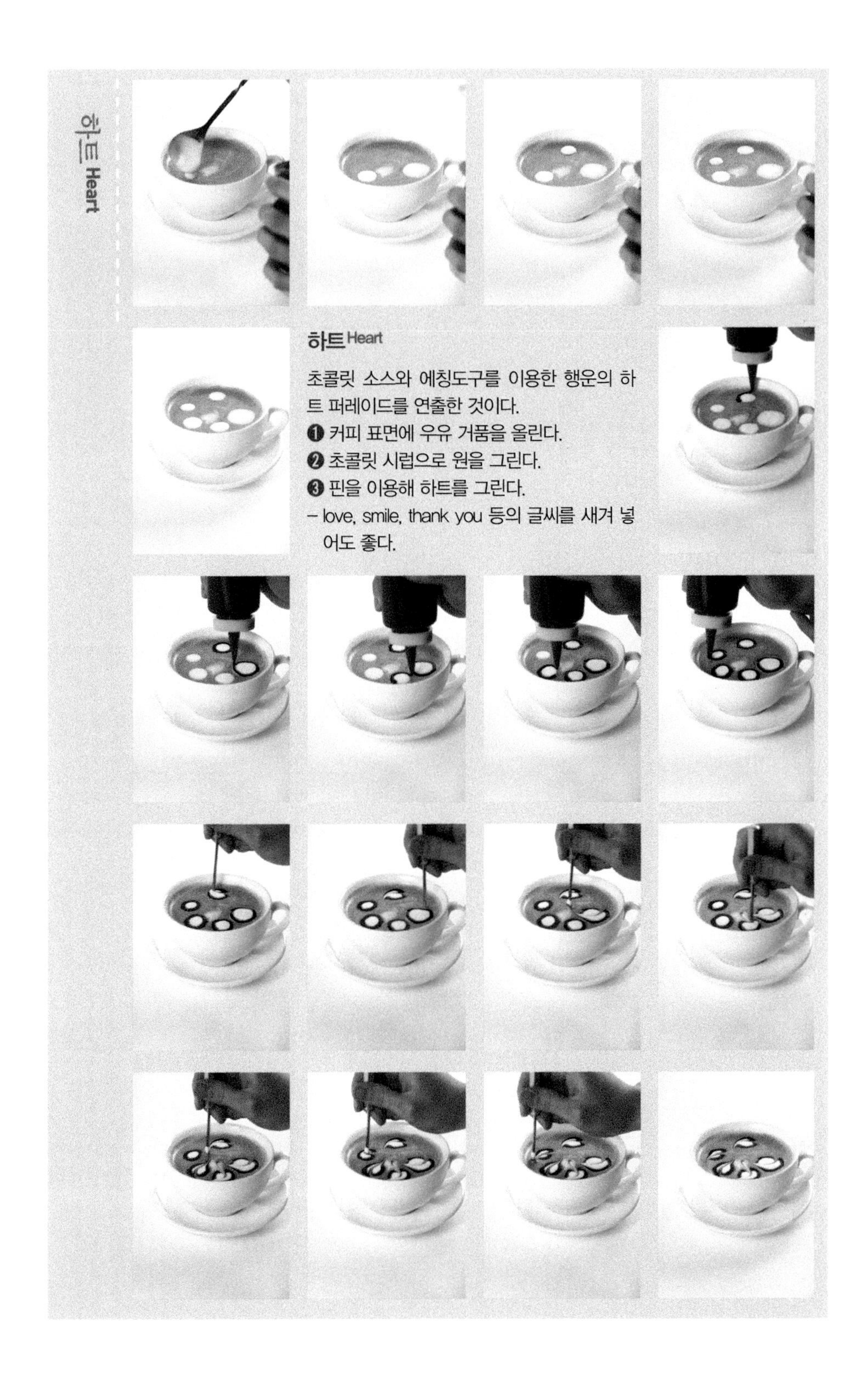

하트 Heart

초콜릿 소스와 에칭도구를 이용한 행운의 하트 퍼레이드를 연출한 것이다.

❶ 커피 표면에 우유 거품을 올린다.
❷ 초콜릿 시럽으로 원을 그린다.
❸ 핀을 이용해 하트를 그린다.
– love, smile, thank you 등의 글씨를 새겨 넣어도 좋다.

하트 Heart를 응용한 라테아트

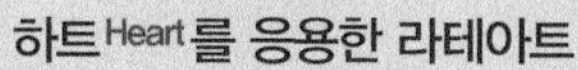

하트 Heart를 응용한 라테아트

❶ 잔의 중앙에 스팀우유를 붓는다.
❷ 스팀우유가 절반 정도 채워지면 스팀피처를 S자형으로 흔든다.
❸ 무늬가 형성되면 스팀피처를 흔들면서 뒤쪽으로 이동한다.
❹ 하트는 위로 올리면서 마무리해야 좋은 그림이 만들어진다.

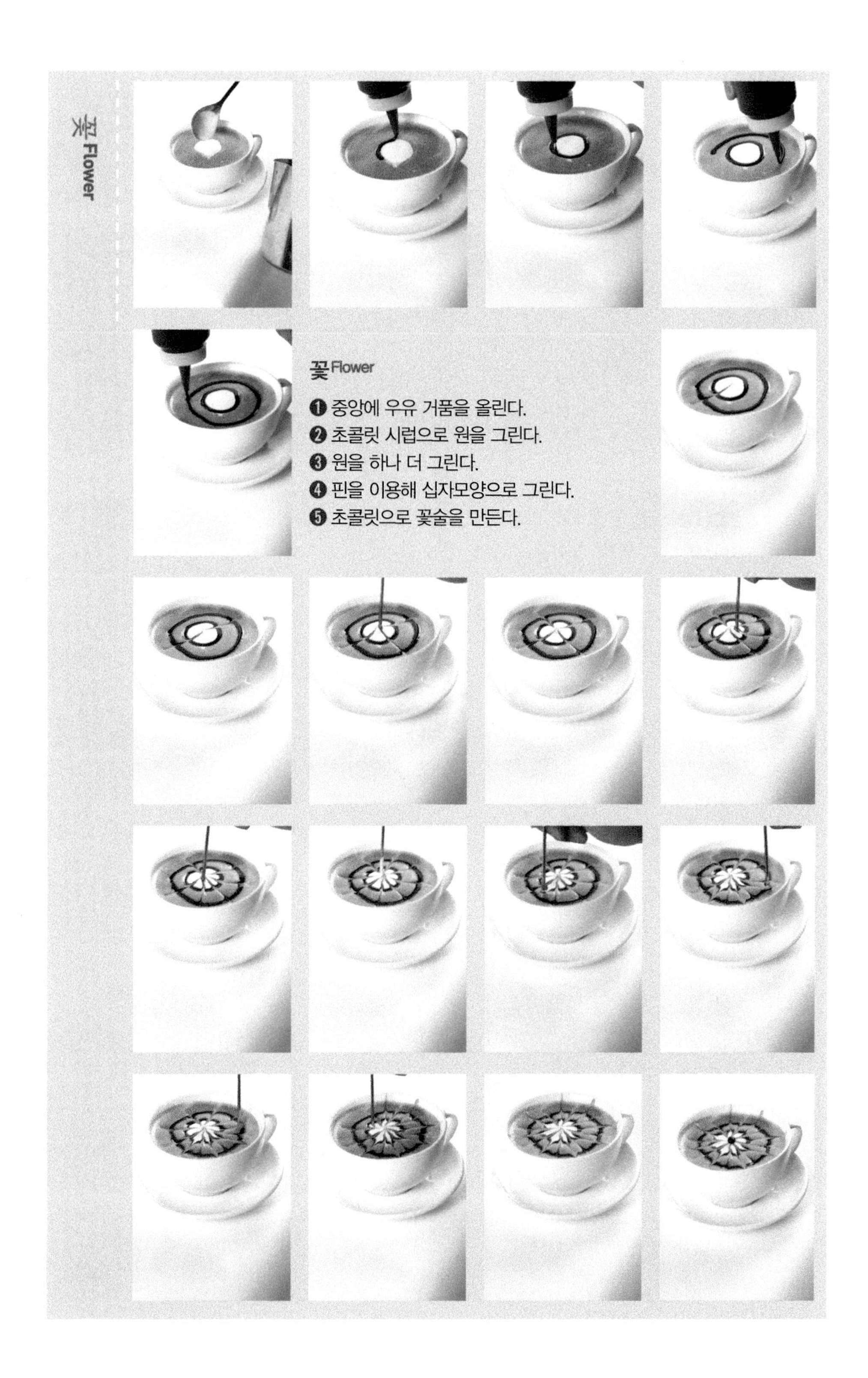

꽃 Flower

❶ 중앙에 우유 거품을 올린다.
❷ 초콜릿 시럽으로 원을 그린다.
❸ 원을 하나 더 그린다.
❹ 핀을 이용해 십자모양으로 그린다.
❺ 초콜릿으로 꽃술을 만든다.

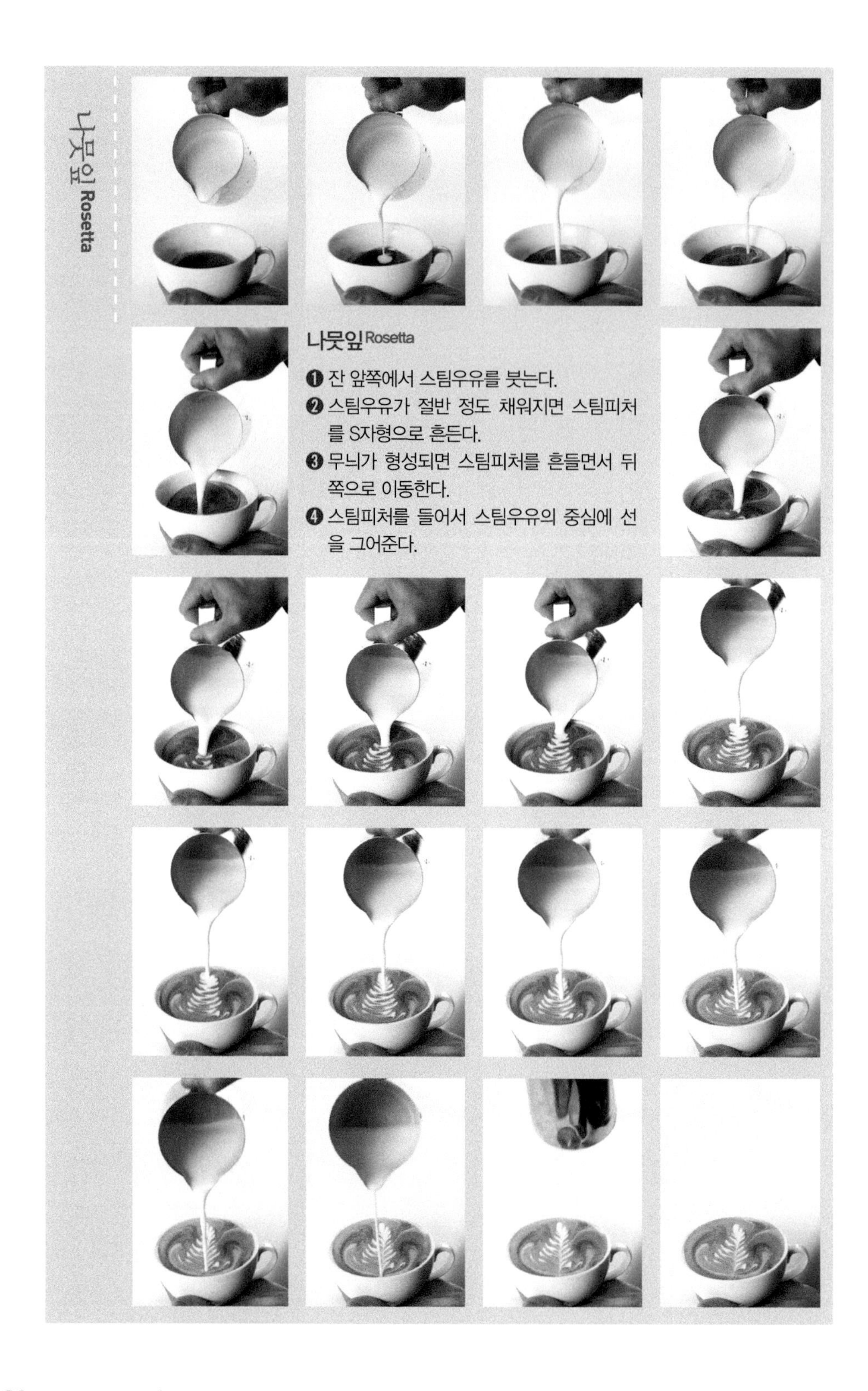

나뭇잎 Rosetta

❶ 잔 앞쪽에서 스팀우유를 붓는다.
❷ 스팀우유가 절반 정도 채워지면 스팀피처를 S자형으로 흔든다.
❸ 무늬가 형성되면 스팀피처를 흔들면서 뒤쪽으로 이동한다.
❹ 스팀피처를 들어서 스팀우유의 중심에 선을 그어준다.

나뭇잎 Rosetta을 응용한 라테아트

나뭇잎 Rosetta을 응용한 라테아트

라테아트는 최상의 에스프레소와 우유 거품, 손동작 등의 3요소가 필요하다. 특히 적당한 농도와 밀도의 우유 거품이 핵심 포인트이다.

미숫가루 · 고구마라테
토종 커피 역수출 대박

미숫가루라테, 고구마라테, 유자차 등 '한국의 맛'을 앞세운 토종 커피 브랜드들의 해외 진출이 한창이다. 커피공화국으로 불릴 정도로 치열한 경쟁 속에 입지를 다진 토종 브랜드들이 포화상태인 국내시장을 벗어나 한국 맛을 들고 역수출에 나서고 있는 것이다. 이들은 처음엔 한류(韓流)를 등에 업고 태국이나 필리핀, 말레이시아 같은 동남아시아 국가로 주로 진출했다. 하지만 최근에는 커피 체인점의 본고장이랄 수 있는 미국이나 페루 등에까지 진출해 한국의 맛과 한류를 더 넓게 전파하는 데 한몫 톡톡히 하고 있다.

필리핀 마닐라에서 매장 두 곳을 운영하는 할리스는 현지 메뉴판에 한국음료(Korean Beverage) 코너를 따로 표기하고 있다. 고구마라테나 요구르트와 커피를 배합한 아이요떼, 유자차 등이 적혀 있는 이 메뉴판은 현지인들 사이에 반드시 맛봐야 할 필수코스가 되었다. 할리스 정수연 대표는 "처음에는 한류 열풍으로 호기심에서 한국 음료를 찾은 것 같다"며 "하지만 시간이 지나면서 한국 맛에 매료된 현지인이 늘고 있다"고 설명했다. 정 대표는 "차별화된 한국의 맛과 한국식 서비스야말로 토종 커피 브랜드가 잇따라 해외에서 성공하고 있는 비결"이라고 요약했다.

고구마라테는 할리스가 2004년 처음 개발한 메뉴로 삶은 고구마를 으깨 우유와 섞어서 만들었다.

올 초 문을 연 미국 뉴욕 맨해튼의 카페베네 매장에서는 미숫가루라테가 하루 200잔 이상 팔린다. 간단한 식사를 즐기는 바쁜 뉴요커를 겨냥해 브런치 메뉴로 내놓은 참치와 치즈맛 김밥도 반응이 좋다. 이

회사 홍주혜 과장은 "하루 2,000명 이상이 몰려 1만 달러(약 1,170만 원) 이상의 매출을 올리고 있다"며 연내에 LA에 2호점을 내는 등 미국 내 매장을 확장할 계획"이라고 밝혔다.

LA에서만 8개 매장을 운영 중인 탐앤탐스는 강한 마늘 맛이 나는 갈릭브레드를 출시해 현지인들의 호응을 얻고 있다. 빵에 버터를 발라 내놓는 현지 커피 전문점들과 달리 가루를 낸 마늘을 빵 앞뒤에 뿌려 한국식의 강한 매운맛으로 차별화한 것이다. '한국식 서비스'도 빼놓을 수 없다. 24시간 영업과 차별화한 매장 콘셉트, 숙련된 바리스타가 관리하는 일정한 커피 맛 등이다. LA 탐앤탐스는 24시간 영업으로 올빼미족 사이에 명소가 됐다.

해외에서 활로 찾는 커피점들

'커피공화국'서 검증된 맛
24시간 영업도 경쟁력
마늘빵, 김밥도 인기메뉴

이 회사 이문희 마케팅기획팀 대리는 "국내에서는 커피전문점 간 경쟁이 치열해 24시간 문을 여는 매장을 어렵지 않게 찾아볼 수 있다"며 "LA에는 이런 곳이 드물다보니 올빼미족이 많이 찾는 것 같다"고 말했다. 토종 커피브랜드들은 또 아르바이트생이 가게를 지키는 현지 업체와 달리 숙련된 바리스타가 영업장을 관리하는 것을 원칙으로 한다. 그래야 24시간 내내 제대로 된 맛의 커피를 제공할 수 있어서이다. 5~6명이 회의를 할 수 있는 비즈니스룸이나 책장 등으로 매장을 꾸민 점도 현지 고객들의 눈길을 끌고 있다. 이달 중순 카페베네 가맹점 대표단의 일원으로 뉴욕 매장을 둘러보고 온 인천 신포점 박준수 대표는 "한국에선 흔한 매장 벽면을 책으로 꾸민 북카페 콘셉트를 뉴요커들은 특이하다며 호평했다"고 전했다.

외국서 인기인 한국식 커피점 메뉴

커피점	해외 매장	해외 인기메뉴
할리스	말레이시아, 미국(LA), 페루 필리핀 등 7개	고구마라테, 유자차
탐앤탐스	미국(LA), 태국, 호주, 싱가포르 등 12개	마늘 맛이 강한 갈릭브레드
엔젤리너스	베트남, 인도네시아 등 13개	과일과 휘핑크림을 얹은 한국식 과일와플
카페베네	미국(뉴욕) 1개	미숫가루라테, 연어와 참치맛 김밥

자료: 중앙경제, 2012.5.30.

Chapter 5

세계의 커피 원산지

커피를 생산하기에 최적의 장소는 적도를 중심으로 북위 25도에서 남위 25도 사이에 위치한 아열대-열대 기후이다. 이 기후대는 '커피벨트(coffee belt)' 혹은 '커피 존(coffee zone)'으로 불린다. 전 세계에서 생산되는 거의 대부분의 커피들이 이곳에서 생산되고 있으며 지구 온난화의 영향으로 커피벨트는 점차 확장되고 있다. 주요 커피산지는 아프리카, 아메리카, 아시아 · 태평양 군으로 분류할 수 있다.

아프리카 / 아메리카 / 아시아 · 태평양

COFFEE

Chapter 5

세계의 커피 원산지

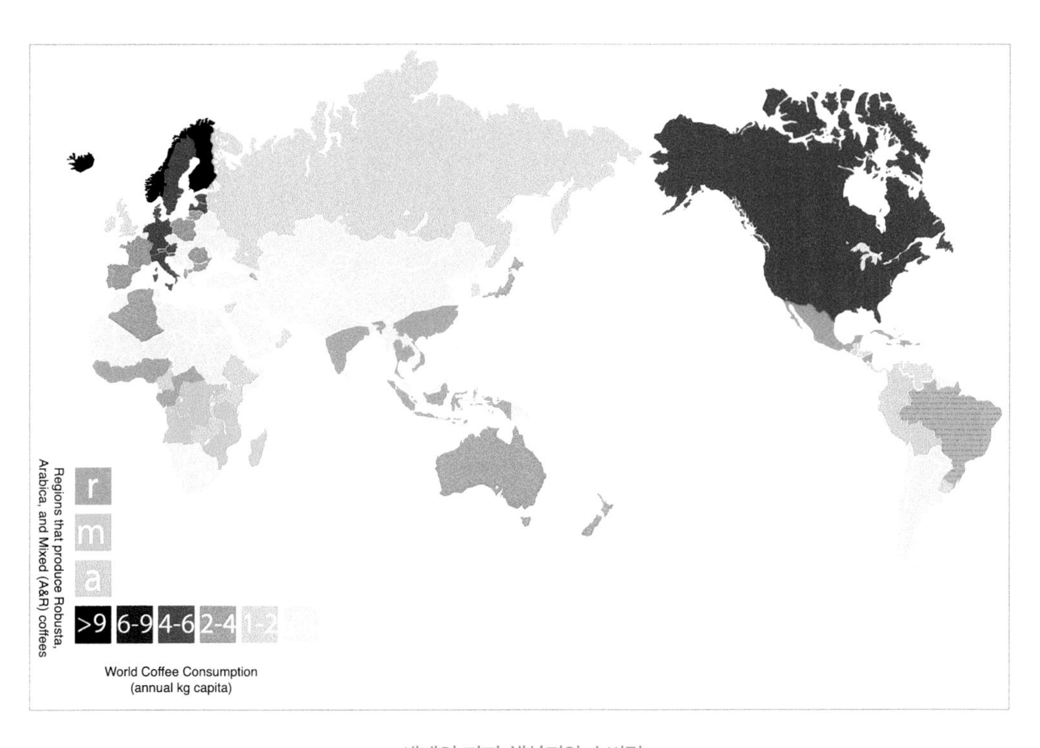

세계의 커피 생산지와 소비량

1. 아프리카 Africa

아프리카 커피는 크게 에티오피아, 예멘, 케냐, 탄자니아 등 주로 아프리카 동북부 지역에 위치한 국가의 커피들이 대표적이다. 최근 원두커피에 대한 관심이 높아지는 가운데 아프리카 커피에 대한 인기가 급상승하고 있다.

1) 에티오피아 Ethiopia

커피의 고향 에티오피아는 아라비카(Arabica)커피의 원산지이다. 적도의 고지대에 위치한 최적의 커피재배 환경으로 아프리카 최대의 커피 생산국이기도 하다. 개화기는 12~3월이며, 수확기는 습식법 커피가 7~12월, 건식법 커피가 10~3월이다. 커피의 절반 이상이 해발 1,500m 이상의 고지대에서 생산되며 가공방식은 습식법, 건식법을 함께 사용하고 있다.

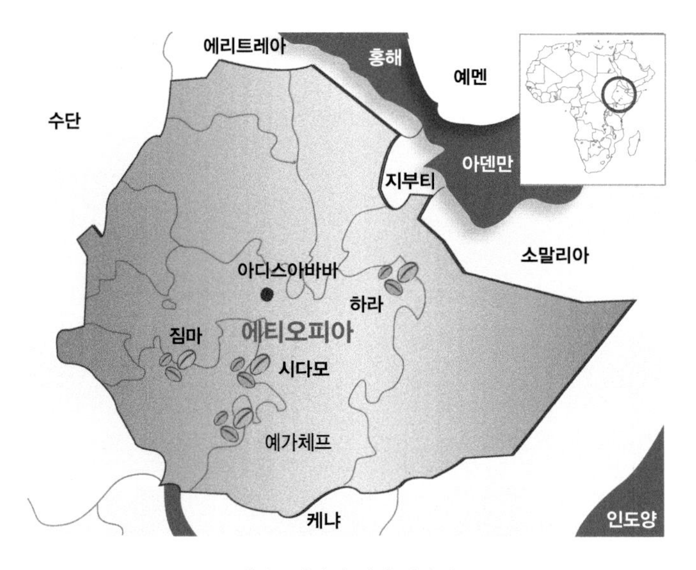

에티오피아의 커피 생산지

커피의 등급은 생두 300g당 결점두(Defect)의 수에 따라 8등급으로 나뉜다. 결점두는 생두의 재배나 가공과정에서 생긴 비정상적인 생두로, 커피의 품질을 떨어뜨린다. 이 중에 1~5등급은 UGO(Usual Good Quality)라 불리며 수출이 가능하다. 반면에 6~8등급은 수출금지 등급이다.

에티오피아 커피의 등급분류

등급	결점두(생두 300g당)	분류
Grade 1	3개 이하	UGO(Usual Good Quality)
Grade 2	4~12개	
Grade 3	13~25개	
Grade 4	26~45개	
Grade 5	46~100개	
Grade 6	101~153개	수출금지 등급
Grade 7	154~340개	
Grade 8	340개 이상	

에티오피아의 커피 생산지는 하라(Harrar), 예가체프(Yirgacheffe), 시다모(Sidamo), 리무(Limmu), 짐마(Djimmah) 등이다. 주요 산지의 명칭은 대표적인 커피의 브랜드로 사용하고 있다.

(1) 하라

에티오피아를 대표하는 전통적인 커피이다. 기후 조건이 열악하고 물이 부족하여 커피 열매를 햇볕에 말리는 건식법(Natural)으로 가공한다. 이에 따라 수확하고 남은 열매나 미숙두 등이 섞여 G4의 낮은 등급이 일반적이다. 하지만 해발 3,000m 이상에서 재배되어 깊고 중후한 맛과 초콜릿의 향미를 느낄 수 있다.

(2) 예가체프

에티오피아 남쪽에 위치한 예가체프에서 생산되는 고급 커피이다. 커피 열매의 과육을 물로 세척하는 습식법을 사용하여 깔끔하고 바디감이 좋은 커피로 알려졌다. 결점두가 적은 2등급(G2)의 높은 품질의 커피가 보통이다. '비옥한 땅을 보존한다'는 뜻의 예가체프 커피는 꽃향기를 담은 듯한 향이 매혹적이다.

(3) 시다모

카페인이 상대적으로 적어 저녁에 마시기에도 부담이 없는 커피이다. 부드러운 신맛과 단맛, 그리고 자연스러운 꽃향기가 특징이다. 예가체프와 시다모 지역의 커피는 산미와 향미가 비슷해서 구분하기가 쉽지 않다. 커피의 맛과 향이 예가체프보다 좀 더 강하여 남성적이라고 표현한다. 예가체프와 함께 '커피의 귀부인'으로 불린다.

(4) 리무

에티오피아 서부의 리무 지역 커피이다. 생두는 둥근 형태이고 크기는 중간 정도이며 푸른빛을 띤다. 커피 열매의 과육은 습식법으로 가공한다. 부드러운 맛과 와인의 풍미가 느껴진다. 세계 미식가용(Gourmet) 커피로 우리나라보다는 유럽이나 미국에서 비교적 인기가 있다.

(5) 짐마

아라비카 커피의 원산지이자 커피의 고향이다. 커피가 발견된 짐마는 옛 명칭이 카파(Kappa)로 커피의 이름이 유래된 곳이다. 커피 열매를 햇볕에 말리는 건식법(Natural)으로 가공한다. 에티오피아 수출용 커피의 50%를 차지하고 있다. 부드러운 신맛과 단맛, 그리고 고소한 향미가 특징이다.

2) 예멘 Yemen

아라비아반도의 서남쪽에 위치한 예멘 커피는 '모카(Mocha)'로 불리기도 한다. 커피 수출항이었던 예멘의 모카에서 붙여진 이름이다. 예멘은 에티오피아와 홍해 가까이에 위치해 있다. 에티오피아에서 발견된 커피가 예멘으로 전래되었고, 중세 예멘의 주요 농작물이 되었다.

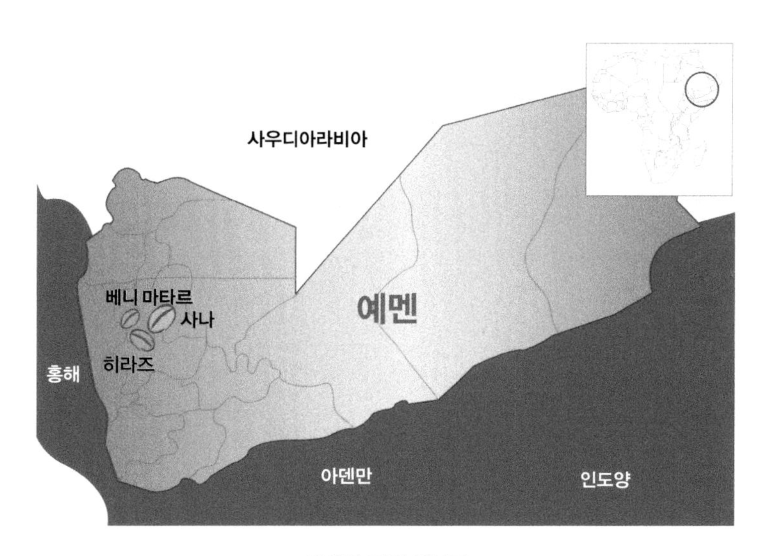

예멘의 커피 생산지

지형 대부분은 화산암으로 이루어져 있어 미네랄이 풍부하고 인도양에서 불어오는 바람의 영향으로 커피 재배에 알맞은 조건을 갖추고 있다. 소규모 농가 단위로 경작되고 최소한의 가지치기만 할 뿐 비료도 거의 주지 않기 때문에 대부분 유기농커피이다.

가공방식도 수작업으로 이루어져 과육이 붙은 채로 건조시킨 다음 맷돌로 과육을 제거하기 때문에 생두의 모양은 거칠고, 불규칙한 외관을 가지게 된다. 그러나 깊고 그윽한 맛과 흙냄새와 초콜릿 향이 섞인 독특한 맛의 개성적인 커피로 평가받는다. 3~4월과 10~12월에 수확한 커피를 전통적인 건식법을 이용하여 가공한다.

다른 나라의 커피는 등급으로 나누어 품질을 나타내는 반면 예멘의 커피는 그 등급의 구분이 없다. 그 이유는 자연경작이 대부분이고 전통적인 건식법으로 가공하여 생두의 크기나 모양이 다르고 생두를 통째로 빻아서 주전자에 넣고 끓여 먹기 때문이다. 그러나 베니 마타르(Bani Mattar), 히라즈(Hiraz), 사나(Sana's) 지역의 커피는 고급품질로 인정받고 있다.

- 재배품종 : 아라비카(Arabica)
- 수확시기 : 3~4월과 10~12월
- 대표커피 : 모카 마타리, 모카 히라지, 사나니
- 주요 산지 : 베니 마타르, 히라즈, 사나

(1) 마타리

예멘 북부의 베니 마타르(Bani Mattar, 고지대) 지역에서 생산되는 예멘 최고의 커피이다. 자메이카의 블루마운틴(Blue Mountain), 하와이의 코나(Kona)와 더불어 세계 3대 명품 커피로 인정받고 있다. 과일향이 풍부하고, 신맛이 강하며 적절한 쓴맛과 단맛을 가지고 있다.

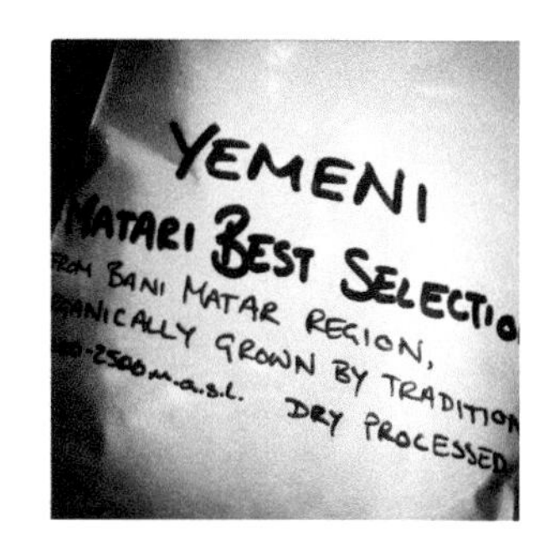

(2) 히라지

예멘 남서부 히라즈(Hiraz) 지역의 고지대에서 생산되는 커피이다. 신맛과 과일의 향미가 강하면서 마타리보다 부드럽고 가벼운 맛을 가지고 있다.

(3) 사나니

예멘의 수도 사나(Sanaa) 근처 지역에서 생산되는 중급 커피이다. 다른 커피보다 향미가 약하지만 부드럽고 조화로운 향미를 가지고 있다.

**한 해 1조어치 팔리는 '국민 후식'
커피믹스 … 한국이 원조생산국**

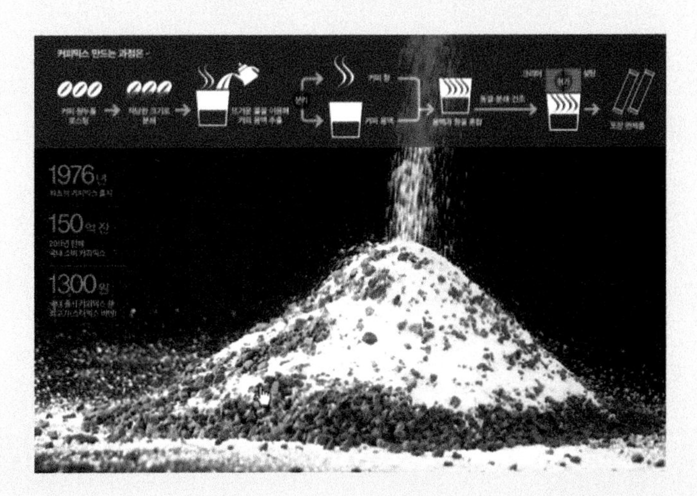

1976년에 처음 나온 후 인기를 얻은 커피믹스는 1조 원대 시장으로 성장했다. 동서식품 · 남양유업 · 롯데칠성과 스타벅스까지 시장에 뛰어들어 고급화 · 다양화 경쟁을 벌이고 있다.

3) 케냐 Kenya

케냐 커피의 기원은 19세기 후반 에티오피아 커피가 남예멘을 통해 케냐로 수입되면서 시작되었다. 케냐는 국가가 직접 커피를 관리하며 품질을 보증한다. 수천 개의 농장에서 생산되는 커피는 경작, 수확, 처리과정이 매우 꼼꼼하게 관리된다. 그러한 노력으로 AA는 케냐 커피의 품질을 보증하는 상징이 되었다.

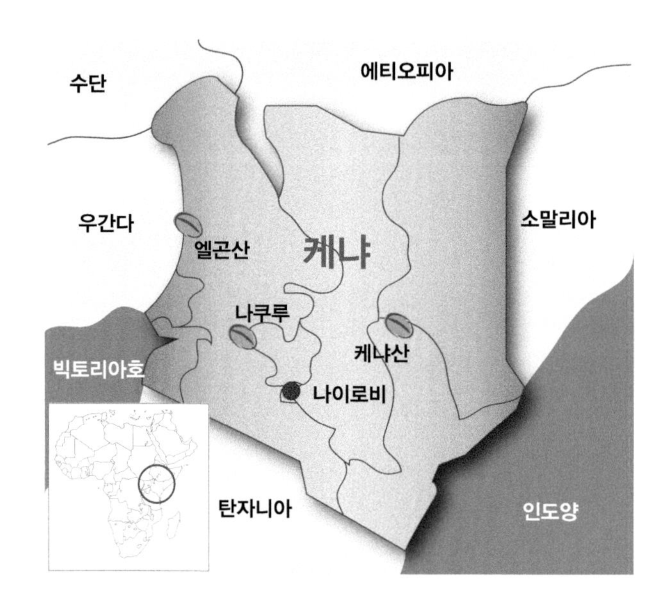

케냐의 커피 생산지

대부분 1,500m 이상의 고산지대에서 커피가 재배되어 강한 신맛, 감귤, 열대과일, 와인 같은 향미가 뛰어나다. 재배품종은 아라비카(Arabica)로 습식법(Wet Method)을 이용하여 가공한다.

우기와 건기의 구분이 뚜렷하지 않은 케냐에서는 1년에 2번의 개화기가 있어 수확도 2번 이뤄진다.

- 개화시기 : 3~4월(Main), 10~11월(Secondary)
- 수확시기 : 10~12월(60%), 6~8월(40%)

대부분 소규모의 농가에서 커피가 60% 생산되며 핸드피킹(Hand Picking) 방식으로 수확을 한다. 수확된 커피체리를 근처 '팩토리'라 불리는 정제시설로 운반해 열매를 익은 정도에 따라 선별하는 수작업을 거친다. 잘 익은 커피체리를 모아 과육을 제거하고 파치먼트는 그대로 물속에서 비중 선별된 후 완전히 분리된다. 비중이 무거운 파치먼트일수록 품질이 좋은 것으로 취급한다. 커피의 등급은 생두의 크기를 기준으로 크게 4단계로 나뉜다.

케냐 커피의 등급분류

등급	Screen Size(1 screen size = 0.4㎜)
AA	18
A	17
AB	15~16
C	14

주요 산지로는 케냐의 수도 나이로비(Nairobi) 북부, 케냐산(Mt. Kenya)의 고원지역, 나쿠루(Nakuru)의 동부지역, 우간다 접경지역인 엘곤산(Mt. Elgon) 등이 있다. 대표적인 커피는 케냐 더블에이(Kenya AA)와 이스테이트 케냐(Estate Kenya)가 유명하다.

4) 탄자니아 Tanzania

아프리카 대륙 동부 인도양에 면한 나라이다. 북쪽으로는 케냐, 서쪽으로는 우간다, 르완다, 잠비아 등이 있다. 에티오피아, 케냐와 더불어 아프리카를 대표하는 커피 생산국이다.

커피의 기원은 1892년 독일의 지배를 받으면서 시작되었다. 1차 세계대전 이후 영국의 지배를 받으면서 커피산업이 발달했다. 유럽에서는 영국 왕실의 커피로 알려져 있다.

탄자니아의 커피 생산지

- 재배품종 : 아라비카 75%, 로부스타 25%
- 대표커피 : 킬리만자로 커피(또는 탄자니아AA)
- 주요 산지 : 모시, 탕가, 탕가니카호수, 니아사(Nyasa)호수 주변

가장 대표적인 커피는 킬리만자로(또는 탄자니아AA)이며 생두는 회색빛이 도는 녹색으로 강한 신맛과 뛰어난 향을 가지고 있다. 생두의 등급은 크기에 따라 6단계로 나뉜다.

탄자니아 커피의 등급분류

등 급	Screen Size(1 screen = 0.4㎜)
AA	18 이상
A	17 이상~18 이하
AMEX	
B	16 이상~17 이하
C	15 이상~16 이하
PB	Pea-Berry

탄자니아 커피는 깔끔하면서 입안에 가득 차오르는 풍미와 함께 와인과 같은 느낌을 준다. 에티오피아 커피보다 와일드하고 흙향이 강해서 가장 아프리카다운 커피로 평가받고 있다.

2011년 가장 많이 수입한 커피 'Top 5'

커피종류	품종	대표제품	특징
브라질	아라비카	산토스	쓰고 신맛. 향기가 좋고 풍미가 일정해 블렌딩 커피의 기본이 됨
콜롬비아	아라비카	메델린	달콤한 향기와 신맛
베트남	로부스타	콘삭	주로 인스턴트커피에 사용되는 커피. 생산량은 세계 2위 수준
온두라스	아라비카	온두라스 SHG	주로 값이 저렴한 블렌딩용으로 수출됨. 부드러운 맛으로 특별히 튀는 향이 없음
페루	아라비카	찬찬마요	좋은 신맛, 달콤한 맛. 주로 블렌딩용으로 사용됨

2. 아메리카 America

브라질과 콜롬비아는 세계 최대의 커피 생산국이다. 이 두 나라 외에도 코스타리카, 과테말라, 멕시코 등 수많은 커피 마니아들에게 사랑받는 커피가 있다. 세계 3大 명품커피 중 자메이카 블루마운틴이 카리브해 연안에서 생산된다는 사실은 주목할 만하다. 모든 커피 중 밸런스가 가장 좋다고 평가되는 만큼 명실상부한 '커피의 여왕'이라고 칭할 수 있을 것이다. 그리고 온두라스, 도미니카 등 독특한 색채를 간직한 커피가 마니아들의 사랑을 받고 있다.

1) 브라질 Brazil

정열의 나라 브라질은 1727년 프랑스령 기아나(Guiana)를 통해 커피가 처음 소개되었다. 이후 1822년에 포르투갈로부터 독립하면서 본격적인 생산이 시작되었다. 전 세계 커피의 약 30% 이상을 차지하는 최대 커피 생산국이자 수출국이다. 다른 나라들에 비해 낮은 고도의 대규모 농장에서 커피를 경작한다. 따라서 뚜렷한 특징이 있는 커피라기보다는 중성적인 커피로 에스프레소 베이스 블렌딩(Espresso Base Blending)에 주로 사용된다.

주요 품종으로는 아라비카 계통의 버번(Bourbon), 티피카(Typica), 문도 노보(Mundo Novo), 카투라(Caturra), 카투아이(Catuai), 마라고지페(Maragogype) 등이 있다. 로부스타 계통으로는 코닐론(Conilon) 등을 재배하고 있다.

커피 생산지역이 넓어서 지역별 기후조건과 토양 특성에 따라 다양한 품종, 품질의 커피를 생산한다. 자연당도를 유지하기 위하여 건식가공법(Dry Method)을 이용한다.

브라질의 커피 생산지

주요 생산지로는 미나스 제라이스(Minas Gerais), 상파울루(San Paulo), 파라나(Parana), 바이아(Bahia), 에스피리투 산토(Espirito Santo)가 있다. 커피의 품질등급은 결점두, 맛, 크기 등의 세 가지 방법으로 분류한다.

결점두 수에 의한 분류

등 급	결점두(생두 300g당)
No. 2	4개 이하
No. 3	12개 이하
No. 4	26개 이하
No. 5	46개 이하
No. 6	86개 이하

맛에 의한 분류

분 류	내 용
Strictly Soft	매우 부드럽고 단맛이 느껴짐
Soft	부드럽고 단맛이 느껴짐
Softish	약간 부드러움
Hard, Hardish	거친 맛이 느껴짐
Rioy	발효된 맛이 느껴짐
Rio	암모니아향, 발효된 맛이 느껴짐

대표적인 커피는 상파울루주(州)의 산토스에서 수출하는 것이다. 이 중에서도 버번 산토스(Bourbon Santos)는 뛰어난 품질로 정평이 나 있다. 원두는 약간 작은 편으로 콩에 빨간 줄무늬가 있는 것이 특징이다. 맛은 순하지만 신맛이 약간 있고 향기가 높다.

2) 콜롬비아 Colombia

콜롬비아는 1800년대 초반 유럽의 선교사를 통해서 커피가 소개되었으며, 1900년을 기점으로 세계 최대 커피 생산국가로 발전하였다. 커피의 절반 이상은 안데스산맥의 해발 1,400m 이상 고지대에서 경작된다. 안데스산맥 지대는 비옥한 화산재 토양과 온화한 기후, 적절한 강수량 그리고 습식가공을 가능케 하는 계곡의 풍부한 맑은 물이 있다. 또한, 카리브해와 태평양 연안에 접하고 있어 교통과 수송비용을 줄일 수 있는 최적의 조건을 갖추고 있다.

콜롬비아의 커피 생산지

콜롬비아에는 대형 농장이 별로 없다. 대부분의 커피가 카페테로(Cafetero)라고 불리는 농부들의 중소규모 자영농장에서 생산되고 있다. 게다가 1927년에 설립된 콜롬비아 커피생산자협회(FNC : Federacion Nacional de Cafeteros de Colombia)의 철저한 생산관리로 품질은 세계 1위로 인정받고 있다.

주요 생산지는 안데스 중부와 동부 산악지역이다. 중부 산악지역에서 생산되는 고급 커피는 마니살레스(Manizales), 아르메니아(Armenia), 메델린(Medellin) 등이다. 이 세 곳에서 콜롬비아 커피의 약 70%가 생산되고 있다. 이 중에서 적당한 산도를 유지하며 풍부한 풍미를 갖고 바디가 묵직한 메델린을 최상품으로 꼽는다. 하지만 각 지역의 첫 글자를 따서 'MAM's'라는 브랜드로 수출하고 있다.

동부 산악지역에서 생산되는 유명한 커피로는 보고타(Bogota), 부카라망가(Bucaramanga) 등이 있다. 보고타의 커피는 산도가 약간 떨어지지만 메델린에 못지않은 풍미를 가진 상급의 커피로 인정받고 있다.

개화시기는 연중 두 번으로 4월과 10월이다. 따라서 수확시기도 10~1월, 4~7월로 두 번에 걸쳐 이루어진다. 재배품종은 아라비카 계통의 티피카, 버번, 카투라, 마라고지페 등이다. 커피의 품질등급은 생두의 크기에 따라 4등급으로 분류한다.

콜롬비아 커피의 등급분류

등 급	Screen Size(1 screen = 0.4㎜)
수프레모(Supremo)	17 이상
엑셀소(Excelso)	14~16
U.G.Q(Usual Good Quality)	13
Caracoli	12

커피 이름은 커피가 생산된 지역이름을 주로 이용하지만, 최상급 커피에는 생산지와 관계없이 최고등급인 수프레모와 엑셀소를 붙인다.

3) 코스타리카 Costa Rica

북쪽으로 니카라과, 남쪽으로 파나마와 국경을 접하고, 동쪽은 카리브해, 서쪽은 태평양에 면한 지협(地峽)이다. Rich Coast, 즉 '풍요로운 해안'이란 뜻이 명칭으로 굳어진 것이다. 1779년 쿠바를 통해 처음으로 커피가 소개되었다. 국토 대부분이 무기질이 풍부한 화산토양과 온화한 기후로 이루어져 있어 커피 생산국 중에서도 면적당 커피 생산량이 가장 높고 커피의 품질 또한 우수한 것으로 알려져 있다. 커피가 전체 수출의 25%를 차지하며 국가산업에서 차지하는 비중이 매우 높다.

재배품종은 아라비카 계통의 카투라 커피가 대부분을 차지한다. 이 밖에 문도 노보, 카투아이를 재배한다. 로부스타의 커피재배는 법으로 금지하고 있다. 가공방식은 커피 고유의 품질을 최대로 유지할 수 있는 습식가공법(Wet Method)만을 고집하여 세계적으로 '완벽한 커피'로 칭송받고 있다. 보통 수확시기는 8, 9월에서 4월까지이다.

코스타리카의 커피 생산지

대표적인 커피산지로는 산호세(San Jose) 남쪽의 타라주(Tarrazu)와 카리브해 연안의 트레리오스(Tres Rios), 브룬카(Brunca), 투리알바(Turrialba)가 있다. 코스타리카 연안은 열대성, 내륙 산악지대는 온대성 기후로 지역에 따라 커피의 맛에 차이가 있다. 생두의 크기는 작으나 단단하고 통통한 편이다. 밀도가 강하며 상큼한 신맛, 향기와 바디감이 좋다.

생두의 품질은 재배지 고도에 따라 8등급으로 나뉜다. 고도가 높을수록 일교차가 커서 생두의 조직이 단단하고 향미가 짙다. 해발 1,200~1,650m 사이에서 재배한 커피를 SHB(Strictly Hard Bean)로 표시하고 최상급으로 분류한다.

코스타리카 커피의 등급분류

등 급		생산량(%)	재배지 고도(m)
SHB	Strictly Hard Bean	40	해발 1,200~1,650
GHB	Good Hard Bean	10	해발 1,100~1,250
HB	Hard Bean	19	해발 800~1,100
MHB	Medium Hard Bean	14	해발 500~1,200
HGA	High Grown Atlantic	5	해발 900~1,200
MGA	Medium Grown Atlantic	8	해발 600~900
LGA	Low Grown Atlantic	3	해발 200~600
P	Pacific	1	해발 400~1,000

4) 과테말라 Guatemala

중앙아메리카 북서단에 있는 나라이다. 멕시코 아래에 위치하며 남서쪽은 북태평양과 경계하여 엘살바도르와, 남동쪽은 온두라스와 접해 있다. 1750년대 예수회 신부를 통해서 커피가 소개되었다. 과테말라 커피는 주로 화산지역에서 재배되는 지역적 특성이 있다. 고급 스모크(Smoke, 타는 듯한 향을 가진) 커피의 대명사인 안티구아(Antigua)를 생산하는데, 이 향기는 30년마다 일어나는 화산폭발에서 나온 질소를 커피나무가 흡수해서 만들어진다.

- 재배품종 : 버번, 카투라, 카투아이, 마라고지페
- 대표커피 : 안티구아, 레인포레스트 코반, 볼케닉 산마르코스
- 주요 산지 : 안티구아, 코반, 우에우에테낭고, 산타로사, 산마르코스

재배품종은 대부분 아라비카종의 버번, 카투라, 카투아이, 마라고지페 등이다. 생두의 수확은 주로 8~4월이며, 가공방법은 주로 그늘경작법(Shade Grown), 습식법(Wet Method)을 사용한다.

과테말라의 커피 생산지

커피가 생산되는 지역은 스모크 커피로 유명한 안티구아과테말라(Antigua Guatemala), 중부 산악지역의 코반(Coban), 우에우에테낭고(Huehuetenango), 동부의 산타로사(Santa Rosa), 서부의 산마르코스(San Marcos)가 있다. 커피의 등급은 재배지 고도에 따라 7등급으로 나뉜다.

과테말라 커피의 등급분류

등 급		재배지 고도(m)
SHB	Strictly Hard Bean	해발 1,400m 이상
HB	Hard Bean	해발 1,200~1,400
SH	Semi Hard Bean	해발 1,000~1,200
EPW	Extra Prime Washed	해발 900~1,000
PW	Prime Washed	해발 750~900
EGW	Extra Good Washed	해발 600~750
GW	Good Washed	해발 600m 이하

5) 멕시코 Mexico

북아메리카 남서단에 있는 나라이다. 북쪽은 미국, 남쪽은 과테말라, 벨리즈와 접하고 서쪽은 태평양, 동쪽은 멕시코만(灣)에 면한다. 1790년부터 커피를 경작하기 시작했다.

멕시코 커피에는 알투라(Altura)라는 이름이 붙는다. 스페인어로 '고지대'라는 의미로서, 해발 1,700m 이상에서만 얻을 수 있는 고급 커피를 말한다. 주 재배품종은 아라비카종의 버번, 카투라, 문도 노보, 마라고지페 등이다. 커피의 수확시기는 9~3월에 이루어지며, 주로 습식법(Wet Method)을 사용하여 가공한다.

멕시코의 커피 생산지

주요 생산지역과 대표 커피로는 남부의 과테말라 국경 인근 치아파스(Chiapas)주의 유기농커피인 타파출라(Tapachula), 동부의 아름다운 해변 도시 베라크루즈(Veracruz)의 코아테펙(Coatepec), 남서부 오악사카(Oaxaca)주의 알투라오리자바(Altura Orizaba), 플루마(Pluma) 등이 있다. 멕시코 커피의 등급은 재배지의 고도에 따라 4단계로 나뉜다.

멕시코 커피의 등급분류

등 급		재배지 고도(m)
SHG	Strictly High Grown	해발 1,700m 이상
HG	High Grown	해발 1,000~1,600
PW	Prime Washed	해발 700~1,000
GW	Good Washed	해발 700m 이하

6) 자메이카 Jamaica

카리브해 북부 서인도제도에 위치한 섬나라이다. 1962년 영국 식민지 통치에서 독립하였다. 1728년 니콜라스 라웨즈경이 마르티니크(Martinique) 섬에서 커피나무를 들여와 경작하기 시작했다. 산지가 많으며 가장 높은 산인 블루마운틴의 정상은 2,256m에 달한다. 이 산맥의 남쪽 사면에서 생산되는 커피는 품질이 뛰어나 최고봉의 이름을 딴 '블루마운틴'으로 불린다.

블루마운틴은 부드러운 향미와 쓴맛이 덜한 것으로 유명하다. 지난 수십 년간 블루마운틴은 세계에서 가장 비싸고 인기 있는 '커피의 황제'라는 명성을 얻어왔다.

자메이카의 커피 생산지

블루산맥의 고지대는 연중 짙은 안개가 덮여 있다. 이 짙은 안개는 강렬한 햇볕이 커피나무에 직접 내리쬐지 못하게 하는 일종의 차단막 역할을 하면서 커피나무의 성장을 더디게 조절한다. 그 결과 블루마운틴 커피는 같은 고도의 타 지역보다 높은 밀도의 커피로 생산될 수 있는 것이다.

자메이카 블루마운틴은 국제적으로 공인받는 원두인데, 자메이카 커피의 품질 관리 위원회(JCIB : Jamaica Coffee Industry Board)에서 인증한 커피에만 '자메이카 블루마운틴'이라는 라벨을 붙일 수 있다. 블루마운틴이 생산되는 지역에서 블루마운틴 커피의 재배는 이 위원회의 감독을 받는다. 또한, 일반적으로 수출용 원두를 포대(Bag)에 담는 것과 달리 나무상자에 넣어 수출하는 등 다른 커피와의 차별성을 위해 고급스러움을 강조하고 있다.

주 재배품종은 아라비카종의 티피카(Typica)이며, 커피의 수확시기는 8~9월에 이루어진다. 주로 습식법(Wet Method)을 사용하여 가공한다.

- 재배품종 : 아라비카 품종의 티피카(Typica)
- 대표커피 : 자메이카 블루마운틴, 자블럼
- 주요 산지 : 포틀랜드, 세인트토마스, 세인트앤드류, 세인트메리, 맨체스터

가장 유명한 커피는 단연 자메이카 블루마운틴이고, 블루마운틴 커피를 로스팅(Roasting)하여 포장까지 한 후에 수출하는 커피는 별도로 자블럼(JBM, Jablum)이라고 한다. 다른 커피 종류와 같이 블루마운틴에도 여러 종류의 등급이 있다. 재배지의 고도에 따라 크게 4등급으로 나뉘며, 생두의 크기에 따라 3등급으로 분류한다.

자메이카 커피의 등급분류

등 급		Screen Size	재배지 고도(m)
High Quality	Blue Mountain No. 1	Screen Size 17~18	해발 1,100m 이상
	Blue Mountain No. 2	Screen Size 16	
	Blue Mountain No. 3	Screen Size 15	
Low Quality	하이 마운틴(High Mountain)		해발 1,100m 이하
	프라임 워시드(Prime Washed, Jamaica)		해발 750~1,000
	프라임 베리(Prime Berry)		-

7) 온두라스 Honduras

중앙아메리카 중부에 있는 나라이다. 과테말라, 엘살바도르, 니카라과와 국경을 접하고 있으며 북쪽으로 카리브해, 남쪽으로 태평양을 바라보고 있다. 18세기 이전부터 커피가 재배되었을 것으로 추정된다. 국토의 70~80%가 고지대 산악지형으로 이루어져 있다. 해안지대는 열대성 기후로 고온다습하며, 산악지대는 온대성 기후로 건조하다.

온두라스의 커피 생산지

커피재배에 적합한 화산재 토양을 갖고 있다. 커피의 수확은 5~10월경이며, 습식법(Wet Method)을 이용하여 가공한다. 재배품종은 아라비카종의 카투라, 카투아이, 버번, 문도 노보, 마라고지페 등이다.

- 재배품종 : 카투라, 카투아이, 버번, 문도 노보, 마라고지페
- 대표커피 : 온두라스 SHG, 온두라스 HG
- 주요 산지 : 산타바르바라, 코판, 렘피라, 라파스

주요 커피 생산지는 해발 1,500~2,000m의 고지대에 있는 산타바르바라(Santa Barbara), 코판(Copan), 렘피라(Lempira), 라파스(La Paz)이다. 가장 유명한 커피는 온두라스 SHG, 온두라스 HG이며 지역명 또는 컵 오브 엑셀런스(COE)에서 우승한 농장명을 함께 사용하기도 한다. 원두는 대체로 둥글고 외형이 균일한 편이다.

온두라스 커피는 국내에서 생소한 감이 있지만 엄선된 고품질로 꼽힌다. 바디감과 단맛의 풍미가 좋고 풍부한 과일향은 아프리카산과 구별되는 뚜렷한 개성으로 평가된다. 2004년 커피 올림픽에 비견되는 'COE(Cup Of Excellence)' 회원국에 가입하면서 좋은 품질의 커피를 생산하기 위해 많은 노력을 기울인 결과이다.

커피의 등급은 재배지의 고도에 따라 3등급으로 나뉜다.

온두라스 커피의 등급분류

등 급		재배지 고도(m)
SHG	Strictly High Grown	해발 1,500~2,000
HG	High Grown	해발 1,000~1,500
CS	Central Standard	해발 900~1,000

3. 아시아 · 태평양

아시아의 주요 커피 생산국으로 인도네시아와 베트남을 꼽을 수 있다. 인도네시아는 브라질, 콜롬비아, 베트남에 이어 세계 4위의 커피생산 대국이다. 태평양 지역의 커피로는 3大 명품 커피 중 또 하나의 기둥인 하와이안 코나(Kona)가 있다. 그리고 파푸아뉴기니의 커피도 주목할 만하다.

1) 인도네시아 Indonesia

동남아시아에 널리 퍼져 있는 크고 작은 섬으로 이루어진 나라이다. 네덜란드인에 의해 1696년 자바 섬에서 커피가 재배되기 시작했으며, 대체로 무기질이 풍부한 화산지형으로 이루어져 커피재배에 이상적이다. 재배품종은 로부스타 90%, 아라비카의 카티모르(Catimor) 10%이다.

인도네시아의 커피 생산지

재배지의 대부분은 적도보다 남쪽에 있으며, 수확은 4~10월에 이루어진다. 적도보다 북쪽인 수마트라는 10~3월까지 수확이 계속된다. 가공방법은 주로 건식법(Natural)이지만 드물게 로부스타 커피를 습식법(Wet Method)으로 가공하여 만들기도 한다. 단단하고 쓴맛을 가진 에스프레소용으로 적합해 특히 유럽에서 인기가 높다.

- 재배품종 : 로부스타, 아라비카(카티모르)
- 대표커피 : 만델링, 코피루왁, 자바, 토라자, 가요마운틴
- 주요 산지 : 수마트라, 자바, 술라웨시, 발리

소량 생산되는 아라비카 커피는 세계적으로 인정받고 있다. 주요 생산지는 수마트라(Sumatra), 자바(Java), 술라웨시(Sulawesi), 발리(Bali) 등이다.

(1) 수마트라

인도네시아에서 두 번째로 큰 섬이다. 수마트라에서는 최고급 커피 만델링(Mandheling), 안콜라(Ankola), 코피루왁(Kopi Luwak)이 유명하다. 코피루왁은 루왁이라는 사향고양이가 커피 생두를 먹은 후 배설한 것을 가공하여 만든 커피이다. 이 커피는 소화과정에서 발효되어 독특한 풍미를 갖고 있어 그 희귀성을 인정받고 있다.

(2) 자바

인도네시아의 중심을 이루는 섬이다. 자바(Java)커피는 예멘의 모카(Mocha)와 혼합한 모카 자바(Mocha Java)로 유명하다. 역사상 최초의 블렌드 커피인 셈이다. 옅은 신맛과 짙은 바디, 초콜릿의 달콤함이 어우러진 고급 커피로 유명하다.

(3) 술라웨시

인도네시아 중앙부에 있는 섬이다. 셀레베스(Celebes)라고도 불린다. 이곳의 고급 커피는 토라자(Toraja) 지역에서 주로 생산된다. 수마트라 커피와 동등한 명성을 가진 셀레베스 토라자(Celebes Toraja)라는 커피가 유명하다.

최근에는 커피의 안정적인 품질 관리를 위해 정부의 주도로 공정무역 상표인증 국제기구(FLO : Fair Trade Labelling Organization International)에 가입하여 공정무역커피 정책에도 주력하고 있다. 커피의 등급은 300g의 생두당 결점두(Defect)를 기준으로 6등급으로 나뉜다.

코피루왁(Kopi Luwak)

인도네시아 커피의 등급분류

등 급	결점두(생두 300g당)
Grade 1	11개 이하
Grade 2	12~25개
Grade 3	26~44개
Grade 4a	45~60개
Grade 4b	61~80개
Grade 5	81~150개
Grade 6	151~225개

2) 베트남 Vietnam

동남아시아의 인도차이나반도 동부에 있는 나라이다. 오랜 프랑스 식민통치하에서 자연스럽게 커피문화도 전해졌다. 1990년대에 들어서면서 커피 생산량이 급속하게 늘어나 전 세계 2위의 생산국이 되었다. 주요 커피 생산지는 해발 600~800m의 고지대에 있는 선라(Son La), 디엔 비엔(Dien Bien) 등이다. 베트남의 고지대는 비옥하고 엷은 층의 붉은 현무암 토양으로 커피재배에 적합하다. 토양 외에도 서부 고원지역의 일교차는 커피나무 성장에 최적의 기후조건을 제공하고 있다.

짧은 커피 역사를 가졌으나 세계 커피시장에 큰 반향을 일으키고 있다. 베트남은 생산되는 커피의 97%가 로부스타종이다. 베트남에는 많은 커피농장과 큰 커피기업들이 상존하고 있다. 따라서 커피의 종류도 크게 인스턴트커피와 원두커피로 나눠볼 수 있다. 인스턴트 G7커피는 서방선진 7개국의 커피마니아들로부터 높은 평가를 받고 있다. 그리고 최고급 커피로 알려진 위즐(Weasel, 다람쥐)커피가 있다. 베트남에서는 콘삭(Con Soc)이라고도 불린다.

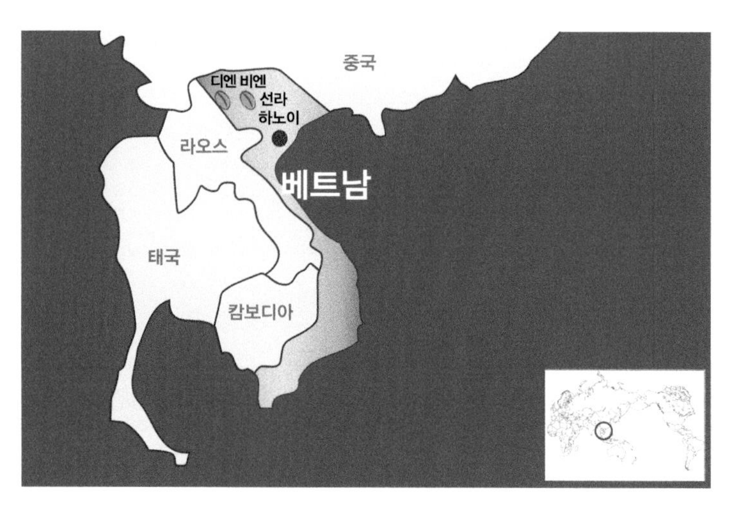

베트남의 커피 생산지

베트남 고산지대에서는 커피 수확기가 되면 굶주린 다람쥐를 방목하여 잘 익은 커피 열매(생두)를 먹게 한다. 다음날 다람쥐는 소화되지 않은 커피 열매(생두)를 배설하게 되는데, 이것으로 세척 및 건조과정을 반복하게 되면 다람쥐 커피의 생두가 된다. 다람쥐의 몸속에서 발효되어 나오는 커피 열매이기에 독특하고 풍부한 향과 고소하면서도 맛있는 쓴맛을 갖고 있다. 인도네시아의 사향고양이 커피인 코피루왁(Kopi Luwak)과 비슷한 커피이다.

이 밖에 카페스어다(cafe sua da)라는 드립 커피가 있다. 여기서 카페는 커피를 말하며 스어(sua)는 '연유', 다(da)는 '얼음'이란 뜻이다. 즉 드립으로 내린 커피에 연유, 얼음을 넣어 마시는 아이스커피이다. 커피의 등급은 생두 크기와 결점두 수에 따라 3등급으로 나뉜다.

베트남 커피의 등급분류

등급	Screen Size		결점두 수(300g)	
	아라비카종	로부스타종	아라비카종	로부스타종
Grade 1A	Screen Size 16~18		15	30
Grade 1	14~16	13~16	30	60
Grade 2	12~13	12~13	60	90

3) 하와이 Hawaii

북태평양 가운데 있는 하와이제도(諸島) 중 가장 큰 섬으로 미국 하와이주(州)에 속한다. 미국에서 유일하게 커피재배가 가능한 지역으로, 1825년부터 커피 경작을 시작하였다. 적절한 강수량과 비옥한 화산재 지형, 구름이 만들어

주는 자연그늘(Free Shade) 등 커피재배에 이상적인 조건을 갖추고 있다. 주로 재배되는 품종은 아라비카(Arabica)종의 티피카(Typica)로 커피 열매의 과육을 물로 세척하는 습식법을 사용하여 깔끔하고 바디감이 좋은 커피 맛을 지니게 된다. 수확시기는 9~3월이다.

하와이 빅아일랜드 섬에서는 매년 11월에 하와이 코나 커피축제(Hawaii Kona Coffee Cultural Festival)가 열린다. 이 축제는 1970년대부터 시작된 미국에서 가장 오래된 음식축제 중 하나이다. 하와이 코나 커피의 재배 역사를 돌아보고 다양한 문화적 전통을 되짚어보는 뜻깊은 행사이다.

코나 커피는 빅아일랜드 북부의 마우나케아산과 남부의 마우나로아산을 잇는 지역에서 재배된다. 태평양과 인접하여 32.2km 이상 길게 늘어진 이곳은 해발 4천m가 넘는 산간지대이다. 이곳을 따라 하와이 코나 커피축제의 다양한 이벤트가 열리게 된다. 하와이안 코나(Hawaiian Kona)는 자메이카의 블루마운틴(Blue Mountain), 예멘의 모카(Mocha)와 더불어 세계 3대 커피로 인정받는다.

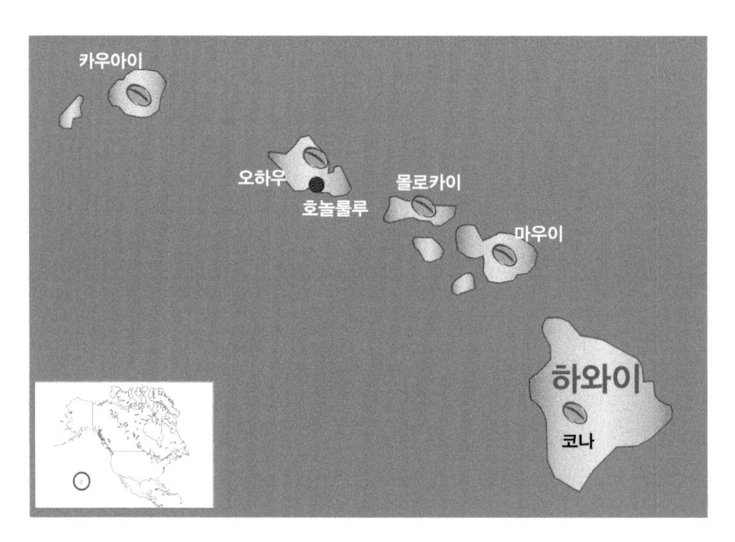

하와이의 커피 생산지

- 재배품종 : 아라비카(티피카)
- 대표커피 : 하와이안–Kona, 마우이–Mocha, Blue Mountain,
  카우아이–Estate
- 주요 산지 : 코나, 마우이, 카우아이, 몰로카이, 오하우

주요 생산지는 코나 지역 외에 마우이(Maui), 카우아이(Kauai), 몰로카이(Molokai), 오하우(Ohau) 등이 있다. 커피등급은 생두의 크기와 결점두에 따라 4단계로 구분된다.

하와이 커피의 등급분류

등 급	Screen Size(1 screen = 0.4㎜)	결점두 수(생두 300g당)
Kona Extra Fancy	19	10개 이내
Kona Fancy	18	16개 이내
Kona Caracoli No. 1	10	20개 이내
Kona Prime	No size	25개 이내

4) 파푸아뉴기니 Papua New Guinea

남태평양 서쪽 끝 뉴기니 섬 동반부에 걸쳐 있는 도서국가이다. 1937년 자메이카의 블루마운틴 커피나무를 이식, 재배하기 시작해 오늘에 이르렀다. 이 나라 국토의 약 85%를 차지하는 뉴기니 섬에는 빌헬름(Mt. Wilhelm)이라는 해발 4,694m의 높은 산이 우뚝 솟아 있다. 이 거대한 산을 중심으로 동쪽과 서쪽 지역에서 커피를 생산한다.

주로 재배되는 품종은 아라비카(Arabica)이며 소량의 로부스타(Robusta)도 재배된다. 수확시기는 4~9월이고, 커피의 가공은 습식법(Wet Method)과 건식법(Dry Method)을 모두 사용한다.

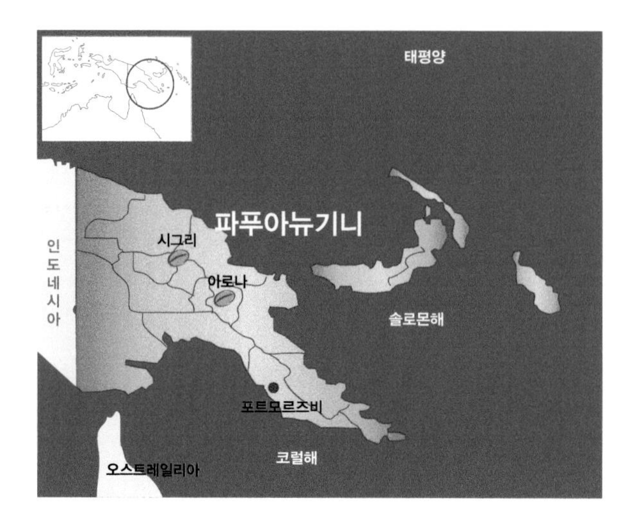

파푸아뉴기니의 커피 생산지

주요 생산지는 하겐산(Mt. Hagen)을 중심으로 한 서부 하이랜드 지역의 시그리(Sigri), 동부 하이랜드 지역의 아로나(Arona)가 유명하다. 위 지역명칭을 붙인 파푸아뉴기니 시그리(PNG AA)와 파푸아뉴기니 아로나 커피가 있다. 생두는 길쭉한 타원형으로 짙은 녹색을 띤다. 꽃과 과일향이 풍부하고 부드러운 신맛과 쓴맛, 단맛의 조화가 매우 좋다. 가격대비 품질이 높은 커피이다. 커피의 등급은 생두의 크기를 기준으로 5등급으로 구분한다.

파푸아뉴기니 커피의 등급분류

등 급	Screen Size(1 screen size = 0.4㎜)
AA	18 이상
A	17
AB	16
B	15
C	14 이하

알고 마시면 더 맛있는 커피

원두커피	커피콩을 볶은(로스팅) 뒤 갈아서 내린 커피. 레귤러커피라고도 한다.
인스턴트커피	원두커피를 내려 농축하고 건조한 것. 물만 부으면 바로 마실 수 있다.
에스프레소	아주 진한 이탈리아식 커피. 강한 압력으로 단시간에 추출한 농축된 커피다.
아메리카노	에스프레소에 뜨거운 물을 부어 만든 커피다.
카페라테	에스프레소에 우유를 섞은 뒤 얇은 거품을 얹은 커피다.
더치커피	뜨거운 물이 아닌 찬물로 오랫동안 천천히 추출하는 커피. 네덜란드 상인들에 의해 알려져서 더치커피라고 한다.
로부스타	커피 3대 원종 중 하나. 재배가 쉽지만 향미가 떨어진다. 단가가 낮아 주로 인스턴트커피에 쓰인다. 카페인이 많다.
아라비카	로부스타에 비해 커피의 맛과 향이 풍부하다. 재배하기 힘들고 단가도 비싸 주로 고급 커피에 사용된다.
블루마운틴	자메이카에서 생산되는 세계 최고 품질의 커피. 원두가 담청색이다. 영국 왕실의 커피다.
샷	30㎖ 정도 되는 유리잔. 에스프레소 한 잔 용량이다.
드립	종이필터에 간 커피를 넣고 뜨거운 물을 부어 중력으로 낙하시켜 커피를 내리는 방식이다.
블렌딩	두 가지 이상의 다른 커피를 혼합해 새로운 맛과 향을 낸다.

1. 에티오피아 커피의 등급을 분류하시오.
2. 세계 3大 명품 커피는 무엇인가.
3. 하와이의 주요 커피산지에 대하여 기술하시오.
4. 자메이카 블루마운틴 커피의 등급에 대하여 설명하시오.
5. 인도네시아 커피 코피루왁(Kopi Luwak)의 특징은 무엇인가.

Chapter 6

커핑

커피가 세계적으로 퍼져나가는 과정을 보면, 국가를 막론하고 커피를 좋아할수록 본질을 알고자 하는 욕구가 높아진다. 커피의 본질을 추구한다는 것은 커피가 태생적으로 지니는 향과 맛을 즐기기 위한 것이다. 커피의 향미를 식별하거나 등급을 매기는 작업이 커핑(Cupping)이다. 이 분야에서 전문적 소양을 갖춘 사람을 큐 그레이더(Q-grader, 커피감정사), 커퍼(Cupper, 커피감별사)라고 부른다.

COFFEE

Chapter 6

커핑

1. 커핑의 정의

커피는 자연에서 재배하고 수확하는 농산물이다. 지역의 기후조건, 토양, 일조량 등 여러 가지 조건들에 의해서 커피의 품질이 평가된다. 커피의 향미에는 무려 1,200가지 이상의 화학분자가 들어 있다. 대부분은 불안정하여 상온에서 방출되어 버린다. 이러한 커피의 향미를 식별하거나 등급 매기는 작업을 커핑(Cupping) 또는 컵 테스트(Cup Test)라고 한다. 이러한 일을 하는 사람은 커퍼(Cupper)라고 부른다. 커피의 향미는 커피나무의 성장 중에 만들어지고 로스팅에 의해 나타난다. 향은 기체상태로 코 점막의 후각세포를 자극하여 인지된다. 맛은 추출을 통해 나온 물질이 혀의 미각세포를 자극하여 나타난다. 커피의 지질과 섬유질을 이루는 입자들은 물에 녹지 않으므로 입안의 촉각(Body)으로 느껴지게 된다.

2. 커피의 관능평가

커피의 풍미를 이야기할 때 후각[Fragrance, Aroma, Nose, After Taste], 미각(Taste), 촉각(Body) 등을 기준으로 단계적으로 평가한다.

1) 후각

기체상태의 자극물이 코의 말초신경을 자극하여 생기는 감각을 후각이라 한다. 커피는 아는 만큼 오묘한 향과 맛을 느낄 수 있다. 커피의 전체적인 향은 분쇄된 커피 향기(Fragrance), 추출된 커피 향기(Aroma), 마시면서 느끼는 향기(Nose), 입안에 남는 향기(After Taste) 등의 4가지로 구성된다.

(1) 분쇄된 커피 향기(Fragrance)

볶은 커피의 건조향기를 평가하는 것이다. 원두를 분쇄하면 커피조직에 열이 발생하며 파괴된다. 이때 커피조직 내에 있던 탄산가스가 방출되면서 여러 가지 향기물질이 발생한다. 일반적으로 달콤한 꽃향기와 향신료 향기가 난다.

(2) 추출된 커피 향기(Aroma)

추출한 액상커피의 향기를 평가하는 것이다. 분쇄된 커피를 뜨거운 물과 접촉시키면 뜨거운 물의 열이 커피 내부에 있는 유기물을 기화시킨다. 일반적으로 과일이나 허브향이 지배적이다.

(3) 마시면서 느끼는 향기(Nose)

커피를 마시면 커피 액체가 입안에 있는 공기와 만나 액체 중 일부가 기화된다. 이 과정에서 커피의 향기성분은 코의 후각조직에 전달되고, 커피의 향기속성을 평가하게 되는 것이다. 로스팅의 정도에 따라 캐러멜향, 볶은 견과류향, 볶은 곡류향 등으로 다양하게 나타난다.

(4) 입안에 남는 향기(After Taste)

커피의 뒷맛을 평가하는 것이다. 커피를 마시고 난 후 입안에 남아 있는 커피의 잔류성분이 증기로 변하면서 느끼는 향기이다. 초콜릿이나 탄 냄새가 느껴진다.

2) 미각

분쇄한 커피로부터 용해되어 나온 무기 · 유기물로 구성된 가용성분을 관능적으로 평가하는 것을 말한다. 일반적으로 혀는 단맛, 짠맛, 신맛, 쓴맛의 네 가지를 구별할 수 있다. 커피의 맛은 모두 이 네 가지 기본 맛의 결합에 의한다. 그 가운데 단맛, 짠맛, 신맛은 전체 커피의 맛 중에서 더욱 뚜렷하게 나타난다. 쓴맛은 다른 세 가지 맛의 강도를 변화시키는 역할을 한다.

• 단맛 : 단맛을 나타내는 원인이 되는 물질에는 환원당, 캐러멜당, 단백질이 있다. 단맛은 다시 Acidy(상큼한 신맛)와 Mellow(달콤한 맛)로 1차 분류된다.

• 짠맛 : 짠맛을 나타내는 원인이 되는 물질에는 산화칼륨, 산화칼슘이 있다. 짠맛에는 Bland(부드러운 맛)와 Sharp(날카로운 맛)로 1차 분류된다.

• 신맛 : 신맛을 나타내는 원인이 되는 물질에는 주석산, 구연산, 사과산이 있다. 신맛은 다시 Soury(시큼한 맛)와 Winey(와인 맛)로 1차 분류된다.

• 쓴맛 : 쓴맛을 나타내는 원인이 되는 물질에는 카페인, 키니네, 기타 알칼로이드가 있다. 쓴맛은 다시 Harsh(거친 맛)와 Pungent(쏘는 맛)로 1차 분류된다.

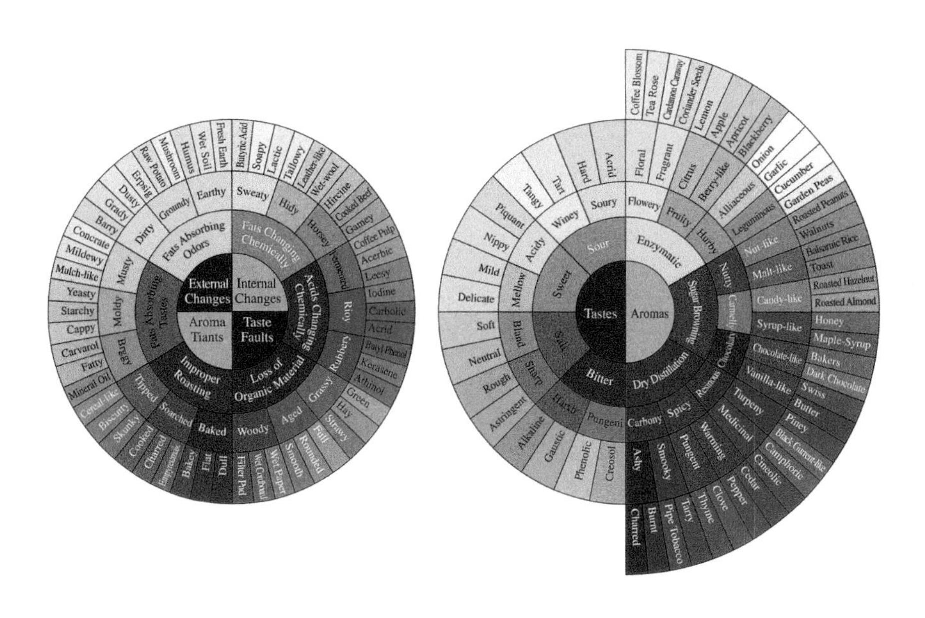

SCAA(Specialty Coffee Association of America) Coffee Taster's Flavor Wheel

(1) 1차 맛

커피의 기본 맛은 상대적 강도에 따라 서로 상호작용함으로써 맛의 변화(Taste Modulation)가 생긴다. 이에 따라 커피의 맛은 6개의 조합이 생길 수 있다.

커피의 1차 맛

구분	내용
Acidy	커피의 산에 의해 생성되며 당과 결합하여 추출 커피의 전체적인 단맛을 증가시킨다.
Mellow	커피의 염에 의해 생성되며 당과 결합하여 추출 커피의 전체적인 단맛을 증가시킨다.
Winey	커피의 당에 의해 생성되며 산과 결합하여 추출 커피의 전체적인 신맛을 감소시킨다.
Bland	커피의 당에 의해 생성되며 염과 결합하여 추출 커피의 전체적인 짠맛을 감소시킨다.
Sharp	커피의 산에 의해 생성되며 염과 결합하여 추출 커피의 전체적인 짠맛을 증가시킨다.
Soury	커피의 염에 의해 생성되며 산과 결합하여 추출 커피의 전체적인 신맛을 감소시킨다.

(2) 2차 맛

6개의 1차 커피 맛은 12개의 2차 맛으로 다시 분류할 수 있다. 단맛, 신맛, 짠맛의 정도에 따라 6개의 1차 맛에 영향을 준다.

커피의 2차 맛

1차 맛	맛의 변화	2차 맛
Acidy	단맛 쪽	Nippy
	신맛 쪽	Piquant
Mellow	단맛 쪽	Mild
	짠맛 쪽	Delicate
Winey	단맛 쪽	Tangy
	신맛 쪽	Tart
Bland	단맛 쪽	Soft
	짠맛 쪽	Neutral
Sharp	짠맛 쪽	Rough
	신맛 쪽	Astringent
Soury	짠맛 쪽	Acrid
	신맛 쪽	Hard

3) 촉각

커피를 마신 후 입안에서 물리적으로 느끼는 촉감을 말한다. 입안의 말초신경은 커피의 점도(Viscosity)와 미끈함을 감지한다. 점도는 커피에 함유된 섬유질과 단백질을 나타낸다. 미끈한 촉감은 커피에 함유된 지방을 나타낸다. 이 두 가지를 바디(Body)라고 표현한다.

커피의 촉감에 관한 용어

구분	지방함량	구분	고형분량(섬유질 · 단백질)
Buttery	지방함량이 매우 많을 때 느끼는 감각	Thick	고형분량이 매우 많을 때 느끼는 감각
Creamy	지방함량이 많을 때 느끼는 감각	Heavy	고형분량이 많을 때 느끼는 감각
Smooth	지방함량이 적을 때 느끼는 감각	Light	고형분량이 적을 때 느끼는 감각
Watery	지방함량이 약간 적을 때 느끼는 감각	Thin	고형분량이 약간 적을 때 느끼는 감각

커피의 향미에 관한 용어

용 어	내 용
Acidity	산도의 정도를 나타내며 커피 맛을 표현할 때 사용한다.
Aftertaste	커피를 마시고 난 후 입안에 남아 있는 커피의 잔류성분이 증기로 변하면서 느끼는 향이다.
Balance	복합적인 풍미가 서로 조화와 균형을 이루어 어느 하나가 튀지 않고 만족스러운 상태를 말한다.
Bitter	혀의 뒤쪽에서 감지되는 맛으로 커피의 알칼로이드성분에서 쓴맛을 낸다.
Bland	혀의 가장자리에서 감지할 수 있는 부드럽고 온화함의 정도를 나타낸다.
Bouquet	커피의 전체적인 향기를 총칭한다. 분쇄된 커피향, 추출된 커피향, 입안에 남는 향 등을 포함한다.
Bright	산도가 높은 커피의 맛을 표현한다.
Briny	추출된 커피를 다시 데웠을 때 드러나는 짠맛이다.
Buttery	오일감이 풍부하게 나는 커피의 풍미를 말한다.
Carbony	탄맛을 연상시키는 향미의 표현이다. 주로 강한 로스팅을 한 커피에서 느낄 수 있다.
Clean	커피 맛의 깔끔한 정도를 보는 평가기준이다.
Dead	생기가 없는, 신맛과 향, 뒷맛이 부족한 상태를 말한다.
Delicate	잘 익은 커피체리에서 맛볼 수 있는 풍미를 말한다.
Dirty	탁한, 진흙을 머금을 때 느껴지는 묵은 느낌을 말한다.

Earthy	흙 향이 커피에 배어나오는 경우에 쓰는 표현이다.
Exotic	일반적이지 않은 진귀한 향기나 풍미를 가진 커피에 한해 사용한다.
Flat	부케, 아로마, 뒷맛 모두에서 향이 느껴지지 않을 때 표현한다.
Fragrance	볶은 커피의 건조 향기를 평가하는 것이다.
Fruity	주로 감귤류나 베리류의 과실을 연상시키는 향이다.
Grassy	풀냄새가 나는, 새로 깎은 잔디밭을 연상시키는 향과 풍미를 말한다.
Harsh	맛의 결이 거칠게 느껴질 때 표현한다.
Mellow	잘 익은 과일의 원숙한 달콤함이 입안을 부드럽게 감싸는 듯 느껴질 때 사용한다.
Mild	커피 맛의 어떤 특성도 넘치거나 부족하지 않은 상태일 때 쓰는 표현이다.
Muddy	맛이 탁하고 무딜 때 쓰는 표현이다.
Musty	커피 맛에서 곰팡이냄새처럼 묵은내가 날 때 쓰는 표현이다.
Nutty	커피를 추출할 때 방출되는 고소한 향이며, 볶은 땅콩을 연상케 한다.
Rich	부케가 풍부하게 감지될 때 쓰는 표현이다.
Rioy	브라질 커피의 특성처럼 약용의 쓴맛이 날 때 표현한다.
Rough	혀의 앞쪽에서 느껴지는 자극적인 거친 맛이다.
Rubbery	탄 고무를 연상시키는 냄새와 풍미를 표현한다. 자연건조방식의 로부스타에서 주로 나타난다.
Soft	혀에서 특징적인 맛을 느끼지 못하며, 드라이한 맛이 느껴진다.
Sour	주석산, 구연산, 사과산의 수용액에 의해 느껴지는 맛이다.
Spicy	향신료를 연상시키는 풍미와 향을 말한다.
Stale	공기에 오랫동안 노출되어서 평평하고 밋밋한 맛이다.
Taint	커피에서 감염된 맛이 날 때 쓰는 표현이다.
Tangy	시큼한 특징을 가진 맛으로 와인의 풍미와 비슷하다.
Thin	추출에 문제가 있어서 산미가 느껴지지 않거나 생기가 없는 커피를 말한다.
Watery	입안에서 느껴지는 농도나 점성이 부족한 느낌을 말한다.
Wild	맛에서 힘찬 풍미가 느껴질 때 쓰는 표현이다. 주로 야생 커피나무에서 수확한 커피에서 나타난다.
Winey	신맛이 풍부해서 생동감이 있고, 레드와인의 풍미가 느껴진다.
Woody	약간 거친 나무의 풍미가 날 때 쓰는 표현이다.

3. 커핑방법

커피의 품질을 평가하는 작업을 커핑 또는 컵 테스트라고 한다. 커피의 향과 맛, 촉감이 주요 평가요소이다. 커퍼의 주관적인 판단이 작용하므로 객관적인 기준을 제시하는 커핑 폼(Cupping Form)을 사용한다.

1) 커핑 랩 Cupping Lab

커핑이 이루어지는 장소를 말한다. 실내온도 20~30℃, 습도는 85% 미만이 가장 이상적이다. 그리고 커핑에 영향을 줄 수 있는 소리나 빛, 냄새 같은 외부의 방해요인으로부터 차단되어야 하고, 실내는 전체적으로 밝은색이어야 한다.

2) 커핑방법

커핑의 단계는 냄새 맡기(Sniffing), 흡입하기(Slurping), 삼키기(Swallowing) 등으로 이루어진다. 일상적인 식생활에서의 동작보다 과장된 동작을 취한다. 이는 커피 안에 들어 있는 자극성 물질이 가급적 많은 말초신경을 자극하여 미각과 후각을 극대화하기 위한 것으로 필수적인 행동이다.

(1) 분쇄 커피 담기

커핑을 하기 전 24시간 이내에 로스팅이 되어야 한다. 로스팅은 중간 정도로 8~12분 사이로 끝낸다. 최소 3~5컵의 원두를 준비하고, 분쇄하여 8.25g씩 담는다. 분쇄는 커핑하기 전 15분 이내에 이루어져야 한다.

(2) 분쇄된 커피 향기(Fragrance)

분쇄한 후 커핑까지의 한계는 15분이다. 코를 컵에 가까이 대고 커피 입자에서 탄산가스와 함께 나오는 기체를 깊게 들이마신다. 커피의 향기 속성과 강도를 평가한다.

(3) 물 붓기(Pouring)

물은 끓인 후 식혀서 사용하는 것이 중요하다. 물의 온도는 93~95℃로 맞춘다. 물(150㎖)을 부을 때는 커피 입자들이 골고루 적셔지도록 컵 상단 끝까지 붓고, 3분간 침지한다.

(4) 추출 커피의 향기(Break Aroma)

커피 입자들은 컵 표면에 층을 만들어 뜨므로 커핑 스푼으로 3번 정도 밀어준다. 코를 컵 가까이 대고 높은 온도에 의하여 발생하는 기체를 코로 깊이 들이마시면서 향기를 평가한다.

(5) 거품 걷어내기(Skimming)

커피층을 밀어내며 향기를 맡은 후에 흡입하기 위해 거품을 신속하게 걷어낸다. 이때 스푼 2개를 사용하면 편리하다.

(6) 향(Flavor), 뒷맛(Aftertaste), 산도(Acidity), 촉감(Body), 균형(Balance) 평가

거품을 걷어내고 물의 온도가 70℃ 정도 되면 커핑 스푼으로 살짝 떠서 입안으로 강하게 흡입한다. 최대한 입안 전체에 골고루 퍼지도록 한다. 먼저 향과 뒷맛을 평가한다. 커피의 온도가 약간 내려가면 산도, 촉감, 균형 항목을 평가한다. 두세 차례 반복해서 정확한 평가를 한다. 온도별로 천천히 맛보는 것이 좋다.

(7) 당도(Sweetness), 균일성(Uniformity), 투명도(Cleanliness) 평가

커피의 온도가 실온(30℃ 이하)에 도달하면 당도, 잔마다 맛의 균일성, 액체의 투명도 항목을 평가한다.

(8) 결과 기록

먼저 각 속성에 주어진 개별 점수를 합산하여 총득점을 표기하고, 결점을 빼면 최종점수(Final Score)가 된다.

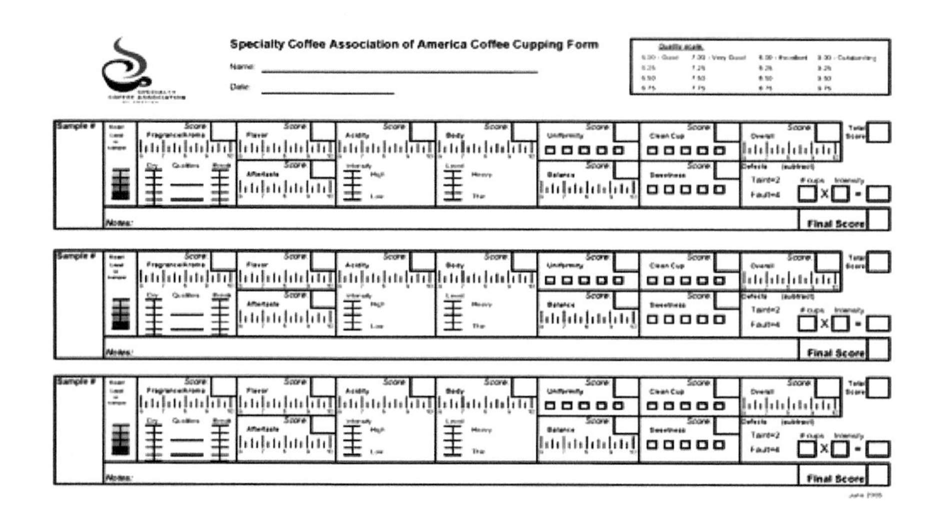
Specialty Coffee Association of America Coffee Cupping Form

Name:

Date:

Quality scale: 6.00 - Good, 7.00 - Very Good, 8.00 - Excellent, 9.00 - Outstanding

Sample # | Fragrance/Aroma | Flavor | Aftertaste | Acidity | Body | Uniformity | Balance | Clean Cup | Sweetness | Overall | Defects (subtract) Taint=2 Fault=4 # cups Intensity | Total Score | Final Score

Notes:

3) 미국스페셜티커피협회 SCAA 의 테스트 방법

미국스페셜티커피협회(SCAA : Specialty Coffee Association of America)에서 커핑의 항목으로 향기, 산미, 촉감, 풍미, 뒷맛의 5가지 요소를 10점 척도로 평가하고 있다. 마지막으로 5가지 관능요소와 종합적으로 판단하여 ±5점으로 표시하고 있다.

미국스페셜티커피협회의 평가표

평가 요소	척 도										
향기(Aroma)	1	2	3	4	5	6	7	8	9	10	
산미(Acid)	1	2	3	4	5	6	7	8	9	10	
촉감(Body)	1	2	3	4	5	6	7	8	9	10	
풍미(Flavor)	1	2	3	4	5	6	7	8	9	10	
뒷맛(Aftertaste)	1	2	3	4	5	6	7	8	9	10	
종합적 판단(Balance)	−5	−4	−3	−2	−1	0	1	2	3	4	5

SCAA는 평가점수가 100점 만점에 85점 이상인 커피에만 'Specialty Coffee'란 이름을 붙이고 있다.

점수대별 분류

Total Score	Specialty Description	Classification
95~100	Exemplary	Super Premium Specialty
90~94	Outstanding	Premium Specialty
85~89	Excellent	Specialty
80~84	Very Good	Premium
75~79	Good	Usual Good Quality
70~74	Fair	Average Quality
60~70	–	Exchange Grade
50~60	–	Commercial
40~50	–	Below Grade
40	–	Off Grade

4. 커핑(Cupping)용어

Acidity : 산도(긍정적인 경우 Brightness, 부정적인 경우 Sour로 표현)

Aftertaste : 커피를 삼킨 후 입안에서 지속되는 커피의 맛과 향

Aroma : 물을 부었을 때 기체상태에서 느껴지는 향기

Balance : 균형감(Flavor, Aftertaste, Acidity, Body를 전체적으로 평가)

Body : 촉감(입안에서 느껴지는 질감)

Fault : 강하게 느껴지는 좋지 않은 맛과 향

Flavor : 입안에서 느껴지는 맛과 향

Floral : 꽃향기로 에티오피아, 탄자니아, 케냐 등의 커피에서 많이 나타난다.

Fragrance : 분쇄한 커피의 향기

Grassy : 미숙한 커피나 덜 볶은 콩에서 나는 향

Intensity : 커피의 맛과 향기의 강도

Overall : 전체적인 느낌(커피의 주관적인 평가)

Preference : 커피의 맛과 향기의 선호도

Taint : 약하게 느껴지는 좋지 않은 맛과 향

Uniformity : 균일성

5. 커피의 보관방법

커피는 원두상태나 분쇄된 것이나 시간이 지나면 향과 맛이 사라진다. 커피를 변질시키는 주원인으로 공기, 습기, 온도가 대표적이다. 이외에 햇빛, 로스팅 상태, 분쇄도, 보관용기의 재질 등이 있다.

1) 공기

커피는 공기에 약하다. 따라서 공기는 커피를 보관하는 공간에 아주 조금만 들어 있어도 커피를 산화시키므로 반드시 차단해야 한다. 특히, 커피를 분쇄하고 나면 커피의 작은 입자들이 공기와 쉽게 결합해서 산패된다. 생두로 두면 향미가 조금밖에 변하지 않아 수년을 보관할 수 있다. 그러나 볶은 커피는 공기와 접촉한 후 1주일, 분쇄한 커피는 1시간 그리고 끓인 커피는 단 몇 분이 지나면 그 향미를 잃기 시작한다. 따라서 추출하기 직전에 원두를 분쇄하는 것이 가장 효과적인 방법이다.

2) 습기

커피는 공기와 더불어 습기에도 약하다. 커피를 볶으면 다공성 조직으로 변하기 때문에 습기를 잘 흡수하고 커피 조직 속에 남아 있던 탄산가스를 방출시켜 향기성분을 산화시킨다. 또한 습기는 산소의 산화작용을 돕기 때문에 동일한 조건일 경우 습기가 많은 곳에 보관된 커피의 산화가 더욱 빠르게 진행된다. 일반인들은 원두커피 팩을 구입한 후 포장지를 밀봉하여 냉장실이나 냉동실에 보관하는 경우가 많다. 하지만 원두커피 팩을 사용하고 나서 다시 냉장고에 넣게 되면 접촉된 수분 때문에 향을 잃게 된다. 따라서 한번 냉장실이나 냉동실에 보관했다가 꺼낸 원두커피 팩은 냉장실과 냉동실이 아닌 차갑고 서늘한 곳에 보관하는 것이 좋다.

3) 온도

볶은 커피는 보관온도가 높을수록 산화속도가 더욱 촉진되어 향미가 떨어진다. 동일한 조건에서 밀폐포장을 할 경우 상온에 보관한 것이 냉장고에 보관한 것보다 10배 정도 빠르게 변한다. 이처럼 커피가 공기와 온도, 그리고 습기에 약하다는 것만 숙지한다면 보다 신선하고 깊은 향과 맛을 내는 커피를 마실 수 있을 것이다.

신선한 원두

신선한 원두를 분쇄하여 여과지 위에 놓고 뜨거운 물을 부으면 부풀어 오르면서 크고 작은 거품이 많이 생성된다. 반대로 오래된 커피는 거품이 별로 생기지 않으며 팽창해 오르지도 않는다. 또한 금방 추출한 커피는 투명해 보이기 때문에 신선도를 판별할 수 없지만 커피를 식히면 오래된 원두로 추출한 커피는 투명도가 없어지며 혼탁해진다.

6. 커피 맛을 결정하는 4대 요소

인스턴트커피를 탈피해서 다양한 원두커피의 맛을 즐기는 사람들이 크게 늘고 있다. 커피 맛을 결정짓는 데에는 여러 가지 요소가 작용한다.

1) 원두

커피의 맛을 내기 위해서는 원두의 상태가 좋아야 한다. 가장 신선한 원두를 확보하는 것이 가장 맛있는 커피를 마실 수 있는 첫째 조건이다. 원두는 갈지 않은 홀 빈(Whole Bean)을 사서 마실 때마다 사용한다. 원두를 갈아 가루로 만든 뒤에는 4일을 넘기지 않도록 한다.

2) 물

신선한 커피가 준비되었다면 그 다음에는 깨끗한 물이다. 커피 한 잔은 98%의 물로 이루어져 있다. 물은 차고 깨끗한 정수나 연수를 사용하는 것이 좋으며, 물의 온도는 90~95℃가 좋다. 끓는 물을 사용하면 쓴맛이 나므로 유의해야 한다.

3) 분쇄

커피를 추출하기 직전에 분쇄해야 더욱 신선한 커피 맛을 낼 수 있다. 에스프레소와 같이 커피가 물과 접촉하는 시간이 짧

을수록 분쇄입자를 가늘게 해주어야 한다. 반대로 프렌치 프레스처럼 물과 접촉하는 시간이 길수록 약간 굵게 해주어야 한다. 이와 같이 원두가 가진 고유의 향미를 충분히 잘 살린 좋은 커피를 만들기 위해서는 원두의 특성에 맞는 추출기구를 선택하고, 적절한 입자의 크기로 분쇄해야 한다.

4) 비율

적당량의 물과 커피를 사용한다. 물과 커피의 비율은 150㎖에 10g(커피스푼으로 1번) 정도가 적당하다. 취향에 따라 조절할 수 있다. 이외에 커피를 만들 때 사용하는 기구들은 항상 깨끗하게 보관해서 사용해야 한다.

데미타스(Demitasse)

프랑스어로 demi(반), tasse(잔)를 뜻하는 합성어이다. 보통 사용하는 커피 잔(120㎖)의 반 정도라고 해서 붙인 이름이다. 아주 진한 이탈리아식 에스프레소 커피를 담는 잔이다. 여기에 우유나 크림은 넣지 않고 설탕을 적당량 넣어 마신다.

커피 테이스팅

커피의 향과 맛, 입안의 촉감을 최대한 즐기고 감상하는 것이다.
첫째, 눈으로 먼저 시음한다. 커피의 색상과 크레마를 주의 깊게 관찰한다.
둘째, 코로 향기를 맡는다. 꽃향기, 과일향기, 향신료향기, 초콜릿향기 등이 복합적으로 얽혀 있는 향을 더듬어본다.
셋째, 소량의 커피를 마신 뒤 촉감을 느껴본다. 그 다음에 입안 가득히 마시며 뒷맛을 음미한다.

연구 문제

1. 커핑의 정의 및 방법에 대하여 설명하시오.
2. 커피의 관능평가 요소에는 무엇이 있는가.
3. 커피의 효율적인 보관방법을 기술하시오.
4. 커피 맛을 결정하는 4大 요소는 무엇인가.
5. 다음의 용어를 간략하게 기술하시오.
   - SCAA
   - Cupper
   - Cup Test
   - Cupping Form

Batter Up

Batter Up | Served With 100% Pure Maple Syrup

French Toast with Cinnamon & Brown Sugar Compound Butter - 4.50

Peanut Butter & Banana French Toast - 5.50

Buttermilk Pancakes - 3.75, with Chocolate Chips - 4.25, with Blueberry, Banana, or Strawberry - 4.50

Belgian Waffle - 4.50, with Whipped Cream - 4.75, with Bananas, Blueberries, or Strawberries – 5.00

Awaken Bacon

Bacon
Four slices 2.00

Oh Canada!
Two slices of Canadian Bacon 3.00

AwakenBacon egg and cheese
Served on bagel, toast or hard roll

Bagels
Plain- $1.00 Butter- $1.25
Cream Cheese- $1.50
Plain, poppy, salt, cinnamon raisin, sonion, egg, everything

Toast
Plain- .50 Butter .75 Jam/Jelly .75

Eggs
Two eggs any style 2.00
Four Eggs any style 3.00

Paninis

Grilled Vegetable Panini-4.25
grilled seasonal vegetables with ou house vinaigrette dressing.

Chicken Pesto- 4.50
grilled chicken, pesto, sun dried tomato, provolone cheese

Mozzarella Basil Panini- 4.50
fresh mozzarella cheese, tomato, & lots of fresh basil & olive oil

Soup is on

Cup- 2.00 Bowl- 3.00

Minestrone
Tuscan white bean
Split pea
Butternut squash
Italian wedding soup
Gazpacho

Please let us know about any allergies or diet restrictions. We have included many Kosher, peanut free and vegetarian options as well as glutten and wheat free choices to our menu. Ask your server.

Awake Cafe

Start the day off with a Drink!

Latte - 3.25
Chai Latte - 3.25
Extra Shot - 1.00
Espresso - 2.10
Café Cappuccino - 3.25

2% Milk 1.50
Soy Milk 1.75
Chocolate Milk 1.50
Bottomless Cup of Coffee, 1.85

Syrups
(Carmel, Chocolate, Vanilla, Hazelnut, Raspberry, Coconut, Almond)- .60

Hot Chocolate - 2.25,
Whipped Cream - 2.75
(We can make any drinks with soy or almond milk.)

Chill out!
All of our hot drinks can be served cold.

Juices:
Apple, Orange, V8, Tomato, Grape-fruit 2.50

Special-Teas 2.00

All of our teas are organic.
Enjoy a hot or iced cup of tea! Each offers great health benefits as well.

SereniTea- The combination of chamomile, jasmine and fruity deliciousness will permeate your mind and body to help you relax.

CelebriTea- This blend combines Youthberry white tea with Wild Orange Blossom herbal tea for an explosion of flavor. These blends will reinvigorate your skin and add vitamins and antioxidants to your diet.

ClariTea- You get the health benefits of white, green, and Oolong teas. The combination is a great way to combat free radicals and purify your body.

PopulariTea- Our most popular tea. A flavor bold with sweet peaches and a dash of apricot cream. Simple yet delicious.

Mr. Tea- A powerful blend of antioxidants, immunity boosters and skin hydrators with the taste of raspberry and lemon.

FruiTea- Delicious fruit infused tea with a fruity flavor to tantalize your taste buds! Features flavors of lime, raspberry, peach, and strawberry.

커피전문점 창업 아직도 '따끈따끈'해요

식지 않는 커피 열풍, 2012년 대한민국은 '커피공화국'이다. 사무실 근처부터 시작된 커피냄새가 이제는 동네골목까지 진하게 풍긴다. 한때 노래방 전성시대처럼 커피전문점 창업이 붐이다. 특히 퇴직을 앞둔 50대층에서 관심을 갖고 있지만 "혹시 막차를 타는 것이 아닐까" 걱정하면서 지켜보고 있는 사람들이 많다.

이들은 노동력 대비 부가가치가 높은 커피전문점에 관심이 가지만 작년 말 현재 우리나라에 1만 개가 넘는 커피전문점이 있어 치열한 경쟁에 두려움도 많다. 그러나 폭발적 시장규모 확대(작년 시장규모가 2조 4000억 원)로 보면 아직 늦은 것이 아니다. 커피소비량도 2009년 기준 우리나라의 1인당 1년 커피소비량은 1.93kg으로 미국(4.1kg), EU(4.8kg)에 비해서는 절반 수준에도 미치지 못하고 식생활이 비슷한 일본(3.4kg)에 대해서도 60% 수준에 머물고 있다. 이러한 추세를 보면 커피전문점 시장은 더욱 확대될 것으로 기대되고 있다.

■ 프랜차이즈 커피전문점

현재 시중에는 여러 개의 프랜차이즈 커피전문점이 치열한 경쟁을 하고 있다. 프랜차이즈 커피전문점 가입은 브랜드 성장성을 봐야 한다.

이와 함께 자리도 중요한 요소다. 같은 브랜드커피라도 매출에 엄청난 차이가 있다. 현재 프랜차이즈 커피전문점 시장은 외국계와 토종의 대결이 심화되고 있다. 초기엔 스타벅스 · 커피빈과 같은 외국계 브랜드가 주도했으나 엔젤리너스(2006년), 카페베네(2008년) 등 토종브랜드 론칭 이후 가맹점 유치가 치열하다. 투자비용은 서울지역 역세권의 경우 40평 기준 4~5억 원 정도가 든다.

커피전문점은 특정 상권 내에 최고의 유동성을 가진 입지가 유망하지만 상대적으로 권리금과 임대보증금 · 임대료 부담이 타 업종에 비해 높은 것이 특징이다. 커피전문점의 매출은 커피와 부가메뉴 판매인데 원두는 원재료 대비 이익률은 82%가량으로 커피원두만으로 구성된 아메리카노의 판매율이 높을수록 수익률은 향상된다. 여기에 우유와 각종 시럽 · 토핑이 가미된 라테의 경우에는 원재료 대비 이익률이 75% 수준이 된다. 제빵 등 부가메뉴를 도입할 경우엔 원재료 대비 이익률은 60%선까지 낮아진다.

따라서 복합적인 메뉴를 도입해 판매하는 커피전문점의 원재료 대비 이익률은 70% 수준으로 볼 수 있다. 커피전문점의 판매관리비 부분의 특징은 가스 사용료와 수도료가 낮은 대신 매니저와 서빙인원 · 바리스타 등의 고용으로 인해 인건비율이 전체 매출의 약 20% 수준으로 높아질 수 있다.

결론적으로 4~5억 원 투자 이익은 매출대비 15% 정도로 한 달에 1500만 원이고 인건비로 약 750만원 나간다. 프랜차이즈 전문점의 장점은 일반 음식점과 달리 하루 종일 수요가 있다. 인력 수급도 용이하다.

인테리어가 깔끔하면서 일도 단순해 젊은 아르바이트 인력의 선호도가 높다. 이외에도 바리스타 양성과 관련 민간업체는 물론 정부지원 교육 프로그램까지 등장해 고급 인력의 수급 역시 쉬워졌다. 고급 인력의 유입으로 매니저 같은 중간 관리자 형태로 운영하는 '반 부재 사장형'으로도 가능한 점이 장점으로 꼽힌다.

단점은 과당 경쟁이다. 서울 요지에는 한 건물에 3~4개의 커피전문점이 경쟁하고 있을 정도로 치열한 상황이다. 재투자 부담도 있다. 커피전문점의 인테리어는 유행에 민감하므로 2~3년에 한 번씩 인테리어와 간판의 대대적인 변경이 필수적이다.

■ 커피전문 독립점 · 테이크아웃점

독립점에서 가장 중요한 것은 차별화다. 한국창업전략연구소 소장은 "커피만으로 수익을 올리기 힘들면 빵 · 케이크 · 주류까지 판매하는 복합점을 창업 초기부터 생각해야 한다."며 "특히 특별한 전략을 짜서 투자하지 않으면 실패할 수 있다"고 조언한다. 독립점은 초기 투자비용이 적게 드는 반면 브랜드인지도가 낮아 아무래도 매출이 적을 수밖에 없다.

서울 역세권 40평 기준으로 시설비 포함 투자비용은 3억 2000만 원 정도가 들어 프랜차이즈보다 1억 5천만 원을 절약할 수 있다. 가맹비 등이 없어 수익률은 상대적으로 높아 월 4500만 원 매출이면 2000만 원 정도 이익을 낼 수 있다.

그러나 독립점의 경우 커피 수급면에 소량구매하므로 프랜차이즈보다 불리하고 프랜차이즈 커피 맛에 길들여진 고객을 끌기에 불리한 점도 있다. 커피 중간도매상을 선별하는 노하우도 있어야 한다. 원두가격차이가 1kg에 12000원에서 3만 원 이상까지 차이가 많다.

테이크아웃 커피점은 10평 이하의 소규모 매장으로 투자비용은 서울지역 보통상권의 경우 1억 8000천만 원 든다. 매출이 2000만 원이면 600만 원의 수익을 얻을 수 있어 짭짤하지만 장소가 협소하여 주변에 공원같이 쉴 만한 곳이 없으면 고전할 수도 있다.

특히 겨울철에는 더 어렵다. 전문커피점처럼 안락한 공간이 없어 매출이 줄어든다. 창업에 성공하려면 주변에 쉴 공간이 많거나 사무실 밀집지역 등 목 좋은 곳을 선택하는 것이 무엇보다 중요하다.

대부분 1억 이내의 소자본으로 창업하기 쉽다고 생각하지만 커피만 팔아서 수익을 내기는 쉽지 않다. 또 매장 내 매출 및 테이크아웃 판매에만 의존하는 경우가 많지만 상권에 따라서는 배달서비스까지 이루어져야 어느 정도 수익을 낼 수 있다.

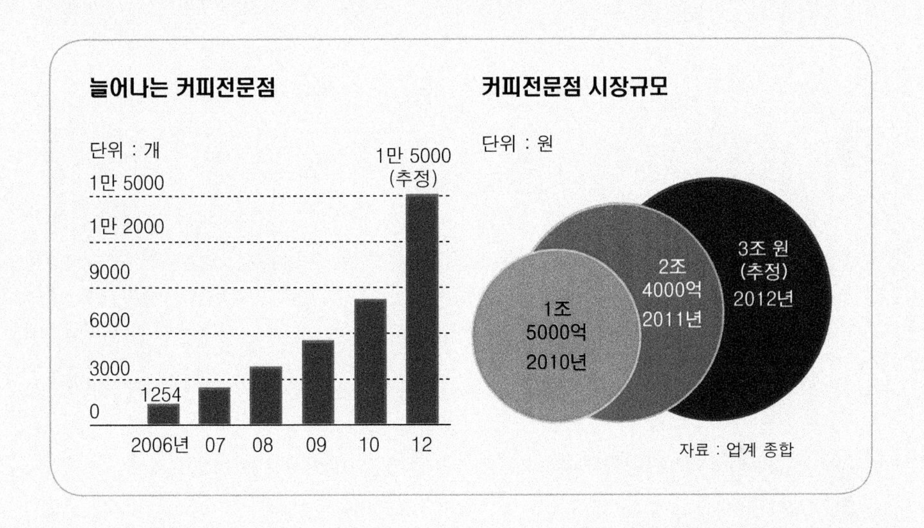

■ 상권 · 입지 · 고객

커피전문점은 예전에는 중심번화가나 오피스가, 대학가, 쇼핑몰 등에 몰려 있었으나 최근에는 주택가나 대로변 등 광범위한 상권으로 범위가 커지고 있다. 예를 들어 신도시지역에 카페거리(파주 헤이리)가 형성되는 경우가 많으며, 대단위 아파트단지를 낀 신도시지역에 커피전문점 입점이 일반화되고 있다.

입점지는 1층이 최적이지만, 규모가 커지면 2~3층 입점도 고려해 볼 만하다. 다만 지하층의 경우 고객 흡입률이 낮아지기 때문에 피하는 게 좋다. 주요 고객층은 20~30대 여성이다. 이외에도 30~50대 주부와 회사원이 매출에 기여하고 있다. 지역이나 상권에 따라서 핵심고객이 바뀔 수 있지만 핵심 타깃층은 20~30대 여성이다. 따라서 인테리어를 젊은 여성에 맞게 해야 하고 최소 2년에 한번은 바꿔줘야 한다.

■ 성공전략

우선 커피전문점 창업 시에는 독립점과 프랜차이즈에 대해서 심각한 고민이 필요하다. 영업 전략부터 입지조건 · 운영까지 완전히 판도가 달라지기 때문이다. 만약 프랜차이즈를 선택한 경우에는 원하는 상권이 아닌 곳에 매장을 오픈해야 하는 상황이 생길 수도 있다.

따라서 해당 입지조건에 대한 득실을 따져보고 결정해야 한다.

커피전문점 오픈 시 가장 고려할 점은 임대료 부담이다. 임대료는 매월 고정적으로 부담해야 하기 때문에 매출 부진 시 가장 큰 리스크 요인이 될 수 있다. 이와 함께 유동인구와 주변환경을 철저히 분석해야 한다.

유동인구 분석 때에는 카페를 선호할 만한 고객이 있는지 따져보고 내점 고객률 역시 꼼꼼히 분석한다. 커피전문점 창업 시 고려할 요소로 단순 커피전문점인지 아니면 복합 카페인지 여부도 중요하다.

복합 카페는 취미도 살리면서 수익도 올릴 수 있어 중년 여성층에게 각광받고 있다. 복합 카페는 커뮤니티의 성격이 강하므로 단순 매출보다는 점주의 취미를 살릴 수 있는 분야와의 접목이 중요하다.

또 커피전문점은 주로 젊은 고객층이 대상이기 때문에 50대 이상 점주가 매장에서 접객 서비스를 전개하는 것은 자칫 고객에게 부담이 될 수 있다. 매니저에게 일임하되 이를 꼼꼼히 체크할 수 있는 장치(미스터리 쇼퍼제도 및 CCTV 등)를 마련하는 것이 좋다.

“20~30대 여성고객에 영업초점 맞춰야”

한국창업전략연구소 소장은 “소비자 입맛이 고급화되면서 독립점보다는 프랜차이즈방식 창업이 많아졌다며 커피전문점의 성패는 인력관리에 달렸다고 할 정도로 서비스에 만전을 기해야 한다.”고 말한다.

■ 50대 은퇴준비자들의 커피전문점 창업이 늦은 건 아닌가

“치열한 경쟁이 있지만 커피가 고급화되면서 수요도 늘고 있다. 현재 선진국 소비량의 절반 정도에 있고 식생활이 비슷한 일본보다도 낮아 앞으로 시장은 계속 확대될 것으로 예상되기 때문에 아주 늦었다고 생각하진 않는다. 다만 사전에 치밀한 준비 없이 덤벼들었다 실패하는 사람도 많다.”

■ 50대 창업에서 성공비결은 무엇인가

“커피전문점 특성상 50대가 매장에서 서빙을 하는 것은 바람직하지 않다. 무엇보다도 인력관리가 매출신장의 핵심이다. 친절하고 청결한 분위기를 낼 수 있는 점원들을 고용해야 한다. 또 인력뿐만 아니라 회계관리도 잘해야 한다. CCTV설치와 함께 포스(POS)시스템을 갖춰 매출관리와 인력관리에 중점을 둬야 한다. 독립점일 경우 커피만 팔아서 수익을 올리기 힘들면 빵·주류 등 복합점 형태를 갖추는 것도 방법이다. 또 맛과 인테리어도 젊은 층을 겨냥하되 다른 점포와 차별화를 통한 경쟁력을 갖춰야 한다.

■ 프랜차이즈 전문점을 선택할 때 주의할 점은…

“커피전문점 창업은 프랜차이즈 계약이라는 첫 단추를 잘 꿰야 한다. 무엇보다도 브랜드의 성장 가능성을 봐야 하고 본사에서 책임이 있는 영업과 지속적 관리가 되는지 살펴봐야 한다.”

■ 커피전문점은 문화를 마시는 공간이다. 실내 분위기는 어떻게 꾸미는 것이 좋은가

“20~30대 여성고객이 타깃이지만 섣부른 북카페, 도예카페, 미술카페, 스포츠카페 스타일보다는 새로운 메뉴개발로 작지만 강한 특성을 가진 전문점을 만들어야 한다.”

중앙일보, 2012.06.14, 박찬영 객원기자

FIVE DOT RANCH

부록

현재 바리스타 국가공인자격증은 없고 민간차원에서 발급하는 자격증만 있는데 이는 한국커피교육협의회, 한국능력교육개발원, 한국평생능력개발원 등에서 시행하고 있다. 바리스타 인증 실기시험을 위해 맛, 기술 평가표를 수록하여 수험준비에 대비하도록 하였다.

---

1. 커피 & 바리스타 실기검정(기술평가표)

Ⅰ. 사전 준비사항 평가		
1	모든 기물의 준비(정리, 청결)상태는 양호한가?	⓿ ❶ ❷
2	사용할 재료(물, 우유, 커피)가 모두 준비되었는가?	⓿ ❶
3	에스프레소 잔의 예열(65~70℃)상태는 양호한가?	⓿ ❶ ❷
4	카푸치노 잔의 예열(65~70℃)상태는 양호한가?	⓿ ❶ ❷
5	작업환경(작업테이블, 커피기계, 그라인더)은 청결한가?	⓿ ❶ ❷ ❸

Ⅱ. 에스프레소(Espresso)의 평가		
1	Filter Holder관리는 좋은가?	⓿ ❶
2	커피의 담기(과도한 작동, 흘리기, 손사용, 남은 양)는 잘 이루어지는가?	⓿ ❶ ❷ ❸ ❹
3	Tamping(수평, 신속, 불필요한 동작)은 올바르게 이루어지는가?	⓿ ❶ ❷ ❸
4	Filter Holder 장착(신속, 충격, 위생)이 정확하게 이루어지는가?	⓿ ❶ ❷ ❸
5	추출시간은 20~30초 사이에 진행되었는가? (초)	⓿ ❶ ❷ ❸ ❹ ❺
6	추출량(20~30㎖)과 속도(1초에 1㎖)는 좋은가?	⓿ ❶ ❷
7	작업 중 기물(정리정돈, 작업공간 청결)의 관리는 좋은가?	⓿ ❶ ❷
8	서빙 준비(잔과 잔받침 및 티스푼)와 위생(잡는 방법)은 좋은가?	⓿ ❶ ❷
9	올바르지 못한 동작(기물 떨어짐, 기계작동 미숙, 재추출, 물서빙)은 없는가?	⓿ ❶ ❷ ❸ ❹

Ⅲ. 카푸치노(Cappuccino)의 평가		
1	Filter Holder관리는 좋은가?	⓿ ❶ ❷
2	커피의 담기(과도한 작동, 흘리기, 손사용, 남은 양)는 잘 이루어지는가?	⓿ ❶ ❷ ❸ ❹
3	Tamping(수평, 신속, 불필요한 동작)은 올바르게 이루어지는가?	⓿ ❶ ❷ ❸
4	Filter Holder 장착(신속, 충격, 위생)이 정확하게 이루어지는가?	⓿ ❶ ❷ ❸
5	추출시간은 20~30초 사이에 진행되었는가? (초)	⓿ ❶ ❷ ❸ ❹ ❺
6	추출량(20~30㎖)과 속도(1초에 1㎖)는 좋은가?	⓿ ❶ ❷
7	스팀노즐 관리(사용 전 · 후 스팀배출, 청소)는 좋은가?	⓿ ❶ ❷
8	우유 거품(공기주입량, 소음, 거친 거품)은 잘 만드는가?	⓿ ❶ ❷ ❸
9	첫 번째 카푸치노를 만드는 방법은 좋은가?	⓿ ❶
10	두 번째 카푸치노를 만드는 방법은 좋은가?	⓿ ❶
11	우유의 잔량(100㎖)과 스팀피처(외부) 청결은 좋은가?	⓿ ❶ ❷
12	작업 중 기물(정리정돈, 작업공간 청결)의 관리는 좋은가?	⓿ ❶ ❷
13	서빙 준비(잔과 잔받침 및 티스푼) 및 위생(잡는 방법)은 좋은가?	⓿ ❶ ❷
14	올바르지 못한 동작(기물 떨어짐, 기계작동 미숙, 재추출, 재스팀)은 없는가?	⓿ ❶ ❷ ❸ ❹

Ⅳ. 종료 후 뒷정리 평가		
1	마무리 정리(기물정리, 작업공간 청결, 그라인더 청결, 커피기계 청결)는 좋은가?	⓿ ❶ ❷ ❸ ❹

자료 : 커피 바리스타 심사매뉴얼(한능원, 2012년)

2. 커피 & 바리스타 실기검정(맛평가표)

I. 사전 준비사항 평가		
1	복장상태(머리와 복장 및 신발, 화장과 액세서리)는 양호한가?	⓪ ❶ ❷
2	기본적인 예의(인사, 수검번호, 이름)는 좋은가?	⓪ ❶ ❷ ❸
3	자신에 대한 표현(시작동기, 앞으로의 계획, 바른 자세)은 좋은가?	⓪ ❶ ❷ ❸
4	커피에 대한 설명(배합비율, 볶음 정도, 바른 자세)은 좋은가?	⓪ ❶ ❷ ❸
5	물 서빙(물 제공시점, 물잔 잡는 법, 트레이 사용법, 물잔 놓는 자세)은 좋은가?	⓪ ❶ ❷ ❸ ❹

II. 에스프레소(Espresso)의 평가		
1	에스프레소 맛(2가지 이상 설명, 바른 자세)에 대한 설명은 좋은가?	⓪ ❶ ❷
2	크레마의 색감(1번, 2번, 동일)은 좋은가?	⓪ ❶ ❷ ❸
3	크레마의 질감(1번, 2번, 동일)은 좋은가?	⓪ ❶ ❷ ❸
4	에스프레소의 맛(1번, 2번, 동일)은 좋은가?	⓪ ❶ ❷ ❸
5	두 잔의 온도(60~70℃)는 각각 좋은가?	⓪ ❶ ❷
6	에스프레소 서빙 자세(트레이 사용법, 위생, 잔 놓는 방법)는 좋은가?	⓪ ❶ ❷ ❸
7	에스프레소 서비스(잔 청결, 잔받침 청결, 방향 일치)는 좋은가?	⓪ ❶ ❷ ❸
8	올바르지 못한 행동(서빙 시 커피 흘림, 기물 떨어짐)은 없는가?	⓪ ❶ ❷

III. 카푸치노(Cappuccino)의 평가		
1	카푸치노 맛(2가지 이상 설명, 바른 자세)에 대한 설명은 좋은가?	⓪ ❶ ❷
2	첫 번째 잔의 시각적인 모양(위치, 선명도, 비율)은 좋은가?	⓪ ❶ ❷ ❸
3	두 번째 잔의 시각적인 모양(위치, 선명도, 비율)은 좋은가?	⓪ ❶ ❷ ❸
4	두 잔의 시각적인 모양은 일치하는가?	⓪ ❶ ❷
5	첫 번째 잔에 대한 거품의 양(1.5cm 이상)은 좋은가?	⓪ ❶ ❷ ❸
6	두 번째 잔에 대한 거품의 양(1.5cm 이상)은 좋은가?	⓪ ❶ ❷ ❸
7	두 잔의 거품의 질은 좋은가?	⓪ ❶ ❷
8	두 잔에 대한 거품의 양과 전체 양은 동일한가?	⓪ ❶ ❷
9	두 잔의 온도(60~70℃)는 각각 좋은가?	⓪ ❶ ❷
10	첫 번째 잔의 카푸치노 맛(에스프레소와 우유의 조화)은 좋은가?	⓪ ❶ ❷
11	두 벗째 잔의 카푸치노 맛(에스프레소와 우유의 조화)은 좋은가?	⓪ ❶ ❷
12	두 잔의 카푸치노 맛은 일치하는가?	⓪ ❶ ❷
13	카푸치노 서빙 자세(트레이 사용법, 위생, 잔 놓는 방법)는 좋은가?	⓪ ❶ ❷ ❸
14	카푸치노 서비스(잔 청결, 잔받침 청결, 방향 일치)는 좋은가?	⓪ ❶ ❷ ❸
15	올바르지 못한 행동(서빙 시 커피 흘림, 기물 떨어짐)은 없는가?	⓪ ❶ ❷

IV. 시연시간에 대한 평가		
1	모든 작업을 시연시간(10분) 내에 완료하였는가? (　초)	⓪ ❶ ❷ ❸

자료 : 커피 바리스타 심사매뉴얼(한능원, 2012년)

3. 커피 & 바리스타 예상문제

01 커피벨트(Coffee Belt) 혹은 커피 존(Coffee Zone)의 범위는?

① 남위 30°~북위 30°
② 남위 25°~북위 25°
③ 남위 20°~북위 25°
④ 남위 25°~북위 20°
⑤ 남위 20°~북위 20°

02 커피의 떫은맛을 내는 타닌의 주성분은?

① 클로로겐산 ② 카페인
③ 리놀렌산 ④ 팔미트산
⑤ 올레산

03 아라비카 원종에 가장 가까운 품종은?

① Bourbon ② Maragogype
③ Caturra ④ Mundo Novo
⑤ Typica

04 커피는 에티오피아가 원산지이다. 최초로 커피를 발견한 사람은?

① 카파 ② 칼디
③ 실비우스 ④ 제우스
⑤ 디오니소스

05 커피가 세계 각국으로 전파되었던 시기로 적당한 것은?

① 15세기 ② 16세기
③ 17세기 ④ 18세기
⑤ 19세기

06 아라비카종의 생육 조건으로 맞지 않는 것은?

① 해발 약 800m 이상의 고원에서 잘 자란다.
② 30℃ 이상의 고온에서 잘 자란다.
③ 연간 강수량은 1,500~2,000mm이다.
④ 연평균 기온은 15~24℃이다.
⑤ 체리 숙성기간은 6~9개월이 소요된다.

07 커피체리의 과육(Pulp)에 해당되는 것은?

① 생두 ② 은피
③ 내과피 ④ 중과피
⑤ 외과피

08 다음 중 커피체리가 완전히 성숙하면 노란색으로 변하는 품종은?

① 아마렐로 ② 켄트
③ 마라고지페 ④ 카투라
⑤ 티피카

09 다음 중 서로 잘못 연결된 커피 품종은?

① 티피카(Typica) - 아라비카 원종에 가장 가까운 품종
② 카투라(Caturra) - 인도의 고유 품종
③ HdT(Hibrido de Timor) - 아라비카와 로부스타의 자연교배종
④ 카티모르(Catimor) - HdT와 카투라의 교배종
⑤ 버번(Bourbon)-티피카의 돌연변이종

10 커피체리의 외측에서 내측까지 명칭순서가 바른 것은?

① 은피-외과피-중과피-내과피-생두
② 외과피-중과피-내과피-은피-생두
③ 내과피-외과피-중과피-은피-생두
④ 생두-은피-내과피-중과피-외과피
⑤ 외과피-내과피-은피-중과피-생두

11 다음 중 로부스타종과 관련이 있는 것은?

① 원산지는 에티오피아로 1895년도에 발견되어 학계에 보고되었다.
② 염색체 수는 아라비카종보다 많은 44개이다.
③ 체리 숙성기간은 아라비카종보다 길며, 약 9~11개월 정도이다.
④ 주요 생산국가는 베트남, 인도네시아, 콜롬비아 등이다.
⑤ 병충해에 약하고 수확량이 적다.

12 아라비카종에서 상업적으로 가장 많이 재배되는 품종은?

① Maragogype
② Caturra
③ Mundo Novo
④ Bourbon
⑤ Typica

13 커피나무의 재배와 관련된 내용이다. 옳지 않은 것은?

① 커피종자를 개량하는 목적은 단위면적당 많은 생산량과 병충해에 강한 품종을 개발하기 위해서이다.
② 묘목은 약 3년이 지난 후 꽃이 피고 열매를 맺으며, 주로 건기 후 비가 오면 꽃이 피고 꽃이 떨어진 자리에서 열매가 맺는다.
③ 일반적으로 발아 후 1~2주 지난 시점에 건강상태가 양호한 나무들을 골라 재배할 곳에 옮겨 심는다.
④ 커피나무 재배에 적합한 토양은 유기성 물질이 풍부하고, 배수가 잘되는 토양이 적합하다.
⑤ 크기는 12m 정도까지 성장하지만 경작을 위해서 4~5m로 관리한다.

14 커피나무 재배에 적합한 토양으로 맞는 것은?

가. 유기질이 풍부한 화산 토양 나. 현무암성 토양 다. 화강암성 토양 라. 점토성 토양

① 가. 나 ② 가. 다
③ 나. 라 ④ 다. 라
⑤ 나. 다

15 브라질에서 발견된 티피카(Typica)의 돌연변이종은?

① 카투라(Caturra)
② 문도 노보(Mundo Novo)
③ 켄트(Kent)
④ 카티모르(Catimor)
⑤ 마라고지페(Maragogype)

16 다음 중 커피 가공의 건식법에 대한 설명으로 틀린 것은?

① 커피 열매를 말린 뒤 기계로 껍질을 벗겨내는 방식이다.
② 자연법이라고도 하며 기계를 사용하거나 자연광을 이용하여 3일 정도 건조시킨다.
③ 주로 물이 부족하고 햇볕이 좋은 지역에서 이용된다.
④ 습식가공에 비해 생산지의 토질감과 바디가 풍부하다.
⑤ 작업이 단순하여 노동력과 비용이 절감되지만 품질이 낮다.

17 다음 중 커피 가공의 습식법에 대한 설명으로 맞는 것은?

① 커피 열매를 물속에서 발효하여 껍질과 과육을 벗겨내는 방식이다.
② 좋은 품질을 얻기 위해서 출하와 무관하게 내과피를 빠르게 제거한다.
③ 품질이 낮고 친환경적인 가공방식이다.
④ 외피와 과육을 제거하기 위한 별도의 장비가 필요하지 않다.
⑤ 끈적끈적한 점액질(Pectin)을 제거하기 위해서 기계를 이용한다.

18 고산지대의 커피가 고품질로 평가받는다. 그 이유가 아닌 것은?

① 일교차가 크기 때문이다.
② 열매가 더 단단하기 때문이다.
③ 신맛이 더 많기 때문이다.
④ 밀도가 더 낮기 때문이다.
⑤ 향미가 뛰어나기 때문이다.

19 생두의 분류를 정하는 기준은 국가마다 다르다. 다음 중 생두분류기준에 해당되지 않는 것은?

① 크기 ② 굵기
③ 결점두 수 ④ 재배 고도
⑤ 향미

20 커피 생두의 스크린 사이즈(Screen size) 단위 중 올바른 것은?

① 1/44 inch ② 1/54 inch
③ 1/64 inch ④ 1/74 inch
⑤ 1/34 inch

21 커피 생두의 등급을 정하기(Grading) 위해 고려되어야 하는 조건이 아닌 것은?

① 생두의 크기
② 생두의 밀도
③ 생두의 함수율
④ 생두의 수확시기
⑤ 색깔

22 커피체리 수확방식에 대한 설명 중 틀린 것은?

① 핸드피킹은 잘 익은 체리만을 선별하여 손으로 골라서 따는 방식이다.
② 스트리핑은 한 번에 여러 개의 체리를 훑어 수확하는 방식이다.
③ 기계수확은 커피나무에 진동을 주어 커피체리를 떨어뜨리는 방식이다.
④ 스트리핑(Stripping)은 인건비 부담이 적다.
⑤ 핸드피킹(Hand picking)은 커피의 품질을 떨어뜨린다.

23 다음 중 결점두 발생의 원인으로 볼 수 없는 것은?

① 수확 ② 재배
③ 보관 ④ 로스팅
⑤ 정제

24 일반적인 커피 생두의 수분 함량은?

① 22% ② 19%
③ 12% ④ 8%
⑤ 6%

25 다음의 커피 로스팅 단계에서 쓴맛이 가장 강한 것은?

① 이탈리안(Italian)
② 시나몬(Cinnamon)
③ 시티(City)
④ 하이(High)
⑤ 프렌치(French)

26 다음은 커피를 로스팅할 때 일어나는 변화를 설명한 것이다. 옳은 것은?

① 무게가 증가한다.
② 갈변이 일어난다.
③ 밀도가 커진다.
④ 부피가 줄어든다.
⑤ 향미가 감소한다.

27 다음은 로스팅에 관한 내용이다. 맞지 않는 것은?

① 원두는 약하게 볶으면 신맛이 강해진다.
② 원두는 강하게 볶으면 쓴맛이 강해진다.
③ 원두의 부피와 무게의 변화는 200℃ 이상의 고온에서 일어난다.
④ 강하게 볶으면 볶을수록 향이 점점 강해진다.
⑤ 커피콩의 수분은 함수율에 따라 70~90%까지 소실된다.

28 로스팅하기 전에 블렌딩(Blending) 하면 나타나는 현상은?

가. 균일한 맛을 얻는다. 나. 커피의 질이 균일해진다. 다. 균일한 향을 얻는다. 라. 커피의 모양이 균일해진다.

① 가, 나, 다, 라
② 가, 나, 다
③ 나, 라
④ 가, 라
⑤ 가, 다

29 커피의 신맛을 결정하고 공기에 접촉하면 화학반응을 일으키는 주요 성분은?

① 지방
② 카페인
③ 클로로겐산
④ 타닌
⑤ 피리딘

30 커피 생두의 성분 중에서 30% 정도 차지하며 커피의 색, 향, 맛을 증대시키는 주요 성분은?

① 섬유질 ② 회분
③ 당분 ④ 카페인
⑤ 타닌

31 커피콩의 로스팅 후 성분 변화에 대한 설명 중 틀린 것은?

① 수분이 증발되어 생두의 무게가 20% 정도 줄어든다.
② 내압이 커지기 때문에 부피가 50% 이상 증가한다.
③ 메일라드반응 물질의 착색에 의해 갈색으로 변한다.
④ 높은 온도로 로스팅해야 쓴맛이 적고 신맛이 많은 밝은색 커피가 만들어진다.
⑤ 휘발성의 향을 600여 가지 생성한다.

32 로스팅 과정에서 건조단계에 대한 설명으로 틀린 것은?

① 생두의 수분이 열에 의해 증발되는 단계이다.
② 생두의 색상이 녹색에서 노란색으로 변한다.
③ 생콩냄새에서 풋내를 거쳐 빵냄새를 풍긴다.
④ 생두의 수분이 70~90%까지 소실된다.
⑤ 두 번의 크랙이 발생하고 갈변화 반응이 일어난다.

33 로스팅 후 냉각단계에 대한 내용으로 틀린 것은?

① 물이나 공기를 이용하는 수랭식과 공랭식이 있다.
② 커피콩 내부의 열을 모으는 과정이다.
③ 화학반응을 멈추게 하는 과정이다.
④ 향 성분을 잡아두는 과정이다.
⑤ 커피콩 내부의 열을 100℃ 이하로 낮추는 과정이다.

34 다음은 블렌딩(Blending)에 관한 내용이다. 틀린 것은?

① 2가지 이상의 원두를 혼합하여 맛과 향을 상승시키는 것이다.
② 개별 커피가 가진 약점은 보완하고 장점은 보강해서 품질을 높이는 것이다.
③ 2종에서 5종의 원두를 섞으며 많은 종류를 섞는 것은 오히려 좋지 않다.
④ 서로 다른 원산지나 품종의 커피를 혼합하지 않도록 한다.
⑤ 로스팅 정도나 가공방식이 서로 다른 커피를 혼합한다.

35 다음은 그라인딩(Grinding)에 관한 내용이다. 틀린 것은?

① 추출기구의 종류에 따라 입자 굵기가 달라진다.
② 추출하기 직전에 분쇄하면 신선한 커피 맛을 낼 수 없다.
③ 분쇄입자가 굵을수록 커피의 성분이 적게 추출된다.
④ 분쇄입자가 가늘수록 커피의 성분이 많이 추출된다.
⑤ 분쇄입자는 에스프레소보다 드립 커피가 더 굵다.

36 다음 중 추출방식에 따른 분쇄입자의 크기가 서로 틀린 것은?

① 에스프레소 : 1.0㎜
② 핸드 드립 : 0.5~1.0㎜
③ 프렌치 프레스 : 1.0㎜ 이상
④ 사이폰 : 0.5㎜
⑤ 모카포트 : 0.5~1.0㎜

37 다음 중 서스테이너블(Sustainable) 커피에 해당되지 않는 것은?

① 공정무역 커피
② 유기농 커피
③ 글로벌 커피
④ 버드 프렌드 인증 커피
⑤ 열대우림동맹 커피

38 다음 중 커피추출을 위한 요소에 해당되지 않는 것은?

① 커피의 농도
② 추출수율
③ 커피와 물의 비율
④ 물의 온도
⑤ 로스팅 상태

39 커피의 추출방식과 적절하게 연결되지 않은 것은?

① 가압여과–에스프레소
② 드립여과–핸드 드립
③ 우려내기–프렌치 프레스
④ 달이기–사이폰
⑤ 반복여과–퍼컬레이터

40 다음 중 3개의 추출구를 가진 드립퍼는 무엇인가?

① 카리타(Kalita) ② 고노(Kono)
③ 메리타(Melitta) ④ 하리오(Hario)
⑤ 플란넬(Flannel)

41 다음은 뜸 들이기의 설명이다. 해당되지 않는 것은?

① 물은 커피가루가 적셔질 정도로 붓고 기다리는 과정을 말한다.
② 추출 전 커피가루를 충분히 불려 커피의 고유성분을 추출한다.
③ 커피 내의 탄산가스와 공기를 빼내어 물이 쉽게 통과되도록 한다.
④ 주입하는 물의 양은 추출한 커피 액의 30%가 넘지 않도록 한다.
⑤ 가루가 부풀어 오르면서 거품이 올라와야 신선한 원두이다.

42 에스프레소 머신의 추출 압력 범위는 어느 정도인가?

① 1.5bar ② 3bar
③ 5bar ④ 9bar
⑤ 12bar

43 에스프레소 추출 시 분쇄한 원두를 도징(Dosing)한 후에 포터필터의 상단부분을 두드려서 고르는 단계는 무엇인가?

① 탬핑 ② 태핑
③ 레벨링 ④ 퍼징
⑤ 그라인딩

44 에스프레소 추출 시 분쇄한 후 원두를 다지는 단계는 무엇인가?

① 탬핑 ② 태핑
③ 레벨링 ④ 블렌딩
⑤ 도징

45 탬핑을 하는 가장 큰 요인은?

① 필터에 커피를 잘 채우기 위해서
② 커피 쿠키의 고른 밀도와 물의 균일한 통과를 위해서
③ 두꺼운 크레마를 위해서
④ 물과의 접촉 면적을 늘리기 위해서
⑤ 커피가루를 떨어뜨리기 위해서

46 에스프레소 2잔을 추출하려고 한다. 몇 g의 원두가 필요한가?

① 5g ② 7g
③ 10g ④ 15g
⑤ 20g

47 스팀 보일러 압력의 표준압은?

① 0.5~0.8bar
② 0.8~1.0bar
③ 1.0~1.5bar
④ 1.5~2.0bar
⑤ 2.0~2.5bar

48 에스프레소의 추출기준에 대한 설명이다. 틀린 것은?

① 커피의 양 6~8g
② 커피 추출량 25~30㎖
③ 물의 온도 90~95℃
④ 추출시간 20~30초
⑤ 물의 압력 1~1.5bar

49 에스프레소 추출속도에 영향을 미치는 요인이 아닌 것은?

① 분쇄된 원두입자의 크기
② 펌프압력이 9bar 이하
③ 분쇄된 원두의 양
④ 탬핑의 강도
⑤ 물의 양

50 커피조리과정에서 항상 따뜻하게 온도가 유지되어야 하는 것은?

가. 그룹헤드	나. 커피 잔
다. 포터필터	라. 탬퍼

① 가, 나, 다
② 가, 다

③ 나, 라
④ 가, 라
⑤ 가, 다, 라

51 에스프레소 크레마(Crema)에 관한 설명이 다. 틀린 것은?
① 신선한 커피에서 나오는 지방성분과 향성분이 결합한 미세한 거품이다.
② 에스프레소 표면에 검은빛을 띠는 크림을 말한다.
③ 좋은 상태의 크레마는 표면에 검은 줄무늬 패턴을 가진다.
④ 단열층의 역할로 커피가 식는 것을 막아준다.
⑤ 크레마는 3~4㎖ 추출되는데 점차 없어진다.

52 에스프레소의 스팀과 물의 압력을 표시해 주는 장치는?
① 분산스크린
② 개스킷
③ 스팀노즐
④ 압력게이지
⑤ 샤워홀더

53 에스프레소 기계에서 샤워 스크린의 역할은?
① 추출할 때 고온, 고압의 물이 새지 않도록 차단해 준다.
② 필터 바스켓의 커피에 물이 고르게 분배되도록 한다.
③ 에스프레소에 필요한 적절한 온도로 가열하고 저장하는 역할을 한다.
④ 보일러에 물이 얼마나 들어 있는가를 표시하는 역할을 한다.
⑤ 그룹헤드 본체에서 한 줄기로 나온 물을 여러 가닥으로 나누어준다.

54 에스프레소 기계에서 개스킷의 역할은?
① 포터필터에 커피를 담아 눌러 다질 때 사용한다.
② 포터필터를 장착하는 곳이다.
③ 원두를 분쇄하는 역할을 한다.
④ 에스프레소 머신의 발전소와 같은 역할을 한다.
⑤ 추출할 때 고온, 고압의 물이 새지 않도록 차단해 준다.

55 에스프레소에 필요한 물을 적절한 온도로 가열하고 저장하는 것은?
① 보일러
② 개스킷
③ 디퓨저
④ 그라인더
⑤ 그룹헤드

56 다음은 카푸치노커피 조리에 대한 설명이 다. 틀린 것은?
① 스팀 피처는 물기가 없고 깨끗해야 한다.
② 스팀 피처에 우유가 미리 담겨 있으면 안 된다.
③ 실온에 보관된 우유가 거품이 잘 만들어진다.

④ 스팀 피처를 씻지 않고 연속해서 사용하면 안 된다.
⑤ 작은 입자의 고운 거품을 만든다.

57 에스프레소 추출시간이 길었을 때 나타나는 현상이 아닌 것은?
① 쓴맛이 다소 강하다.
② 크레마 색이 연하다.
③ 자극적인 향이 난다.
④ 신맛이 강하다.
⑤ 좋지 못한 성분들이 우러난다.

58 에스프레소 추출과정으로 가장 적절한 순서는 어느 것인가?

Ⓐ Dosing	Ⓑ Purging
Ⓒ Tamping	Ⓓ Leveling
Ⓔ Brewing	Ⓕ Grinding

① Ⓕ–Ⓓ–Ⓑ–Ⓒ–Ⓐ–Ⓔ
② Ⓕ–Ⓓ–Ⓒ–Ⓐ–Ⓑ–Ⓔ
③ Ⓕ–Ⓐ–Ⓒ–Ⓑ–Ⓓ–Ⓔ
④ Ⓕ–Ⓐ–Ⓓ–Ⓒ–Ⓑ–Ⓔ
⑤ Ⓕ–Ⓐ–Ⓓ–Ⓑ–Ⓒ–Ⓔ

59 에스프레소 추출이 빠른 원인에 해당되지 않는 것은?
① 탬핑 강도가 너무 약해서
② 커피 투입량이 부족해서
③ 펌프압력이 9bar 이상
④ 분쇄입자가 너무 굵어서
⑤ 추출수 온도가 90℃ 이하

60 에스프레소 추출 전 '물 흘리기'에 대한 내용이다. 틀린 것은?
① 그룹헤드에 남아 있는 찌꺼기를 제거하기 위한 것이다.
② 기계의 정상 작동여부를 확인하는 것이다.
③ 과열됐을 수 있는 추출수를 제거하기 위한 것이다.
④ 드립 트레이를 씻어내기 위한 것이다.
⑤ 추출할 때 물의 적정온도를 맞추기 위한 것이다.

정답

1	2	3	4	5	6	7	8	9	10
②	①	⑤	②	③	②	④	①	②	②
11	**12**	**13**	**14**	**15**	**16**	**17**	**18**	**19**	**20**
③	⑤	③	①	⑤	②	①	④	②	③
21	**22**	**23**	**24**	**25**	**26**	**27**	**28**	**29**	**30**
④	⑤	④	③	①	②	④	⑤	①	③
31	**32**	**33**	**34**	**35**	**36**	**37**	**38**	**39**	**40**
④	⑤	②	④	②	①	③	⑤	④	①
41	**42**	**43**	**44**	**45**	**46**	**47**	**48**	**49**	**50**
④	④	②	①	②	④	③	⑤	⑤	①
51	**52**	**53**	**54**	**55**	**56**	**57**	**58**	**59**	**60**
②	④	②	⑤	①	③	④	④	⑤	④

61 가동 중인 기계의 포터필터(필터홀더) 보관방법 중 적당한 것은?
① 그룹헤드에 장착한 상태로 보관한다.
② 기계 위에 올려놓는다.
③ 컵 받침대에 둔다.
④ 깨끗한 테이블 위에 올려놓는다.
⑤ 드립 트레이에 걸쳐 놓는다.

62 커피를 추출하는 물에 대한 설명이다. 틀린 것은?
① 물에 녹아 있는 철이나 동 같은 금속성분은 커피의 맛을 풍부하게 한다.
② 물의 온도는 드립 커피는 80~85℃, 에스프레소는 90~95℃가 적당하다.
③ 수돗물의 염소, 유기물, 칼슘 등을 제거할 수 있도록 정수장치를 한다.
④ 커피와 물의 접촉시간을 짧게 할 경우 커피를 가늘게 분쇄하고, 길게 할 경우 굵게 분쇄한다.
⑤ 차가운 물보다 뜨거운 물의 커피추출 속도가 빠르다.

63 드립퍼에 있는 리브(Rib)의 역할을 바르게 설명한 것은?
① 필터를 통해 흘러나온 커피가 쉽게 내려가도록 통로 역할을 한다.
② 드립퍼의 내구성을 높이는 역할을 한다.
③ 접촉면을 높여 물이 빠지는 시간을 길게 하는 역할을 한다.
④ 리브의 수가 많을수록 유속이 느려져 보다 진한 커피를 뽑을 수 있다.
⑤ 리브가 높을수록 물이 잘 통과되지 않는다.

64 다음은 추출기구의 사용 후 관리에 대한 내용이다. 서로 잘못 연결된 것은?
① 융 추출: 흐르는 물에 깨끗이 씻어 물이 담긴 용기 속에 넣고 냉장 보관한다.
② 프렌치 프레스: 프레스의 여과망을 보호하기 위해 수차례 사용 후 세척한다.
③ 모카포트: 추출이 끝나면 즉시 찬물에 식혀서 깨끗하게 세척한다.
④ 더치 드립: 추출 후 로드나 플라스크는 사용 후 중성세제로 잘 씻어준다.
⑤ 이브릭: 추출 후 터키식 포트(Ibriq)를 세척한다.

65 에스프레소 추출이 늦어지는 원인에 해당되지 않는 것은?
① 분쇄입자가 너무 가늘다.
② 탬핑이 매우 강하다.
③ 커피 투입량이 매우 많다.
④ 펌프압력이 9bar 이하
⑤ 추출수 온도가 95℃ 이상

66 다음은 우유거품을 만드는 방법이다. 틀린 것은?
① 스팀노즐을 깊게 담가 공기의 유입을 최소화한다.
② 차가운 우유를 사용하는 것이 좋다.
③ 거품이 형성되면 노즐을 피처 벽 쪽으

로 이동시켜 혼합한다.
④ 우유의 온도가 너무 올라가지 않도록 주의한다.
⑤ 공기주입→혼합→가열 순으로 만든다.

67 에티오피아 커피에 관한 설명이다. 바르지 않은 것은?
① 커피가 처음 발견된 곳이다.
② 아라비카는 에티오피아 하라(Harrar) 지방의 고유 품종이다.
③ 빌헬름산(Mt. Wilhelm)을 중심으로 한 고원지대에서 커피가 생산되고 있다.
④ 적도의 고지대에 위치해 최적의 커피 생산국이다.
⑤ 커피의 등급은 결점두의 수에 따라 8 등급으로 나뉜다.

68 에티오피아에서 생산되는 최고급 커피는?
① 하라(Harrar)
② 예가체프(Yirgacheffe)
③ 시다모(Sidamo)
④ 짐마(Djimmah)
⑤ 리무(Limmu)

69 예멘 커피에 관한 설명이다. 바르지 않은 것은?
① 세계 최대의 커피 무역항이었던 모카(Mocha)가 있다.
② 흙냄새와 초콜릿 향을 가진 개성 있는 커피를 생산한다.
③ 예멘 커피는 모카(Mocha)라 불리기도 한다.
④ 가든 커피라는 소규모 농장에서 커피가 생산되고 있다.
⑤ 전통적인 건식법을 이용하여 가공한다.

70 다음 중 예멘을 대표하는 커피가 아닌 것은?
① 리무(Limmu)
② 마타리(Mattari)
③ 이스마일리(Ismaili)
④ 히라지(Hirazi)
⑤ 사나니(Sanani)

71 케냐 커피에 관한 설명이다. 바르지 않은 것은?
① 19세기 후반에 남예멘을 통해 수입되었다.
② 국가에서 직접 커피를 관리하며 품질을 보증한다.
③ 케냐의 최고급 커피는 AA로 분류된다.
④ 커피의 등급은 생두의 크기로 4단계이다.
⑤ 재배품종은 아라비카로 건식법을 이용하여 가공한다.

72 탄자니아 커피에 관한 설명이다. 바르지 않은 것은?
① 커피의 기원은 1892년 독일의 지배를 받으면서 시작되었다.
② 재배품종은 로부스타 75%, 아라비카 25% 정도이다.

③ 커피의 등급은 생두의 크기에 따라 6단계로 나뉜다.
④ 주요 산지는 킬리만자로(Kilimanjaro) 화산지대이다.
⑤ 유럽에서는 영국 왕실의 커피로 알려져 있다.

73 브라질 커피에 관한 설명이다. 바르지 않은 것은?
① 전 세계 커피의 약 30% 이상을 차지하는 최대 생산국이다.
② 커피등급은 결점두, 맛, 크기 등의 세 가지로 분류한다.
③ 대부분 고원지대의 대규모 농장에서 커피를 경작한다.
④ 상파울루는 주요 커피산지 중 하나이다.
⑤ 자연당도를 유지하기 위하여 건식법으로 가공한다.

74 콜롬비아 커피에 관한 설명이다. 바르지 않은 것은?
① 커피의 절반 이상은 안데스산맥의 고지대에서 경작된다.
② 대부분이 중소규모의 농장(Cafetero)에서 생산되고 있다.
③ 안데스 중부의 'MAM's'라는 브랜드가 유명하다.
④ 최고품질의 커피에 수프레모와 엑셀소를 붙인다.
⑤ 커피등급은 재배지 고도에 따라 4등급으로 나뉜다.

75 다음은 커피 생산지에 관한 설명이다. 맞는 것은?

> ㉮ 주요 커피산지로 타라주(Tarrazu)가 있다.
> ㉯ 무기질이 풍부한 화산토양과 온화한 기후로 커피 품질이 우수하다.
> ㉰ 1779년 쿠바를 통해 처음으로 커피가 소개되었다.
> ㉱ 생두의 품질은 재배고도에 따라 8등급으로 나뉜다.
> (SHB–GHB–HB–MHB–HGA–MGA–LGA–Pacific)

① 브라질 ② 코스타리카
③ 자메이카 ④ 과테말라
⑤ 온두라스

76 다음 중 커피명과 생산지가 올바르게 연결된 것은?
① 케냐 – 킬리만자로(Kilimanjaro)
② 예멘 – 마타리(Mattari)
③ 멕시코 – 산토스(Santos)
④ 에티오피아 – 만델링(Mandheling)
⑤ 과테말라–타라주(Tarrazu)

77 타는 듯한 향을 가진 과테말라의 대표적인 커피는?
① 타라주 ② 안티구아
③ 메델린 ④ 산토스
⑤ 마타리

78 다음 커피 생산국의 등급분류기준이 잘못 연결된 것은?
① 에티오피아 – Supremo
② 케냐 – AA
③ 자메이카 – Blue Mountain No. 1

④ 브라질 - No. 2
⑤ 과테말라-SHB

79 멕시코 커피에 관한 설명이다. 바르지 않은 것은?

① 고급커피는 '알투라'라는 이름이 붙는다.
② 커피등급은 재배고도에 따라 4단계로 나뉜다.
③ 재배품종은 버번, 카투라, 문도 노보 등이다.
④ 커피등급은 생두의 크기에 따라 5단계로 나뉜다.
⑤ 멕시코의 북부보다는 주로 남부에서 커피가 경작된다.

80 자메이카 커피에 관한 설명이다. 바르지 않은 것은?

① 커피의 황제라고 불리는 블루마운틴을 생산한다.
② 재배품종은 아라비카종의 티피카이다.
③ 수출용으로 자블럼(Jablum)커피가 유명하다.
④ 영국 왕실의 커피로 알려지면서 커피의 황제라는 칭호를 얻었다.
⑤ 커피등급은 결점두의 수에 따라 4단계로 나뉜다.

81 온두라스 커피에 관한 설명이다. 바르지 않은 것은?

① 커피등급은 생두의 크기에 따라 3단계로 나뉜다.
② 주요 커피 생산지로 '산타바르바라'가 있다.
③ 가장 유명한 커피는 온두라스 SHG이다.
④ 커피 재배에 적합한 화산재 토양을 갖고 있다.
⑤ 재배품종은 카투라, 버번, 문도 노보, 마라고지페 등이다.

82 인도네시아 커피에 관한 설명이다. 바르지 않은 것은?

① 예멘의 모카와 혼합한 모카 자바로 유명하다.
② 주요 생산지는 수마트라, 자바, 술라웨시, 발리 등이다.
③ 수마트라는 만델링, 안콜라, 코피루왁 커피가 유명하다.
④ 재배품종 90% 정도가 아라비카종이다.
⑤ 술라웨시는 토라자(Toraja)커피가 유명하다.

83 베트남 커피에 관한 설명이다. 바르지 않은 것은?

① 오랜 프랑스 식민통치하에서 커피문화가 전해졌다.
② 베트남은 생산되는 커피의 97%가 아라비카종이다.
③ 커피등급은 생두의 크기, 결점두의 수에 따라 3단계로 나뉜다.
④ 최고급 커피로 위즐(Weasel, 다람쥐) 커피가 있다.
⑤ 주요 커피 생산지는 선라, 디엔 비엔 등이다.

84 하와이 커피에 관한 설명이다. 바르지 않은 것은?

① 세계적으로 알려진 '코나(Kona)'커피가 있다.
② 모카와 블루마운틴의 개량종을 생산한다.
③ 하와이의 최고급 커피는 AA로 분류된다.
④ 생두의 크기와 결점두의 수에 따라 4단계로 나뉜다.
⑤ 재배품종은 아라비카의 티피카종이다.

85 파푸아뉴기니 커피에 관한 설명이다. 바르지 않은 것은?

① 1937년 자메이카 블루마운틴 커피나무를 이식하여 재배하였다.
② 커피의 가공은 습식법과 건식법을 모두 사용한다.
③ 파푸아뉴기니의 최고급 커피는 SHG로 분류된다.
④ 주요 생산지로 시그리와 아로나 지역이 유명하다.
⑤ 커피의 가공은 습식법을 사용한다.

86 다음 중 커피의 향미를 평가하는 순서로 적당한 것은?

① 향기-맛-촉감　② 색깔-촉감-맛
③ 촉감-맛-향기　④ 맛-향기-촉감
⑤ 색깔-향기-맛

87 커피의 향미를 관능적으로 평가할 때 사용되지 않는 감각은?

① 시각　② 후각
③ 미각　④ 촉각
⑤ 미감

88 커피의 전체적인 향기를 일컫는 부케(Bouquet)를 구성하는 것이 아닌 것은?

① Fragrance
② Aroma
③ After-taste
④ Body
⑤ Nose

89 다음의 향기성분 가운데 휘발성이 가장 강한 향기는?

① 향신료 향　② 고소한 향
③ 초콜릿 향　④ 캐러멜 향
⑤ 꽃 향

90 커피 향미의 관능평가에서 가장 먼저 느껴지는 후각세포는?

① 분쇄된 커피 향
② 입안에 남는 향
③ 추출된 커피 향
④ 마시면서 느끼는 향
⑤ 커피의 전체적인 향

91 다음은 커피 촉각에서 고형 분량의 정도를 표시하는 용어가 아닌 것은?

① Thick
② Heavy
③ Thin
④ Smooth
⑤ Light

92 커피를 약한 화력에 오래 로스팅해서, 캐러멜화가 충분히 진행되지 않아 생기는 결함은?

① Baked ② Green
③ Tipped ④ Woody
⑤ Grassy

93 커피에 뜨거운 물을 부었을 때 부풀어 오른 커피의 향기를 평가하는 것은?

① Balance ② Crust
③ Dry Aroma ④ Clean Cup
⑤ After-taste

94 다음의 커핑 테스트 용어에 대한 내용 중 다른 하나는?

① Sharp ② Acidy
③ Winey ④ Soury
⑤ Caramelly

95 다음 중 휘발성이 매우 강한 향기는 무엇인가?

① Caramelly-Chocolaty
② Nutty-Malty
③ Flowery-Fruity
④ Turpeny-Spicy
⑤ Nutty-Spicy

96 다음은 커피의 촉감(Mouth-feel)에 관한 설명이다. 틀린 것은?

① Smooth : 커피 추출액에 지방성분이 매우 많이 섞여 있을 때 나타나는 입안의 촉감으로 에스프레소 커피와 같이 가압하여 추출할 때 나타나는 특성이다.
② Watery : 커피 추출액 중 지방함량이 매우 낮을 때 느끼는 감각으로 생두의 지방함량이 매우 낮거나 매우 적은 양의 커피를 추출할 때 나타난다.
③ Heavy : 커피 추출액의 중후함을 나타내는 용어로 추출액 중에 고형분이 많을 때 사용하며 커피의 섬유질과 단백질이 많을 때 느껴진다.
④ Thick : 커피 추출액 중 비교적 많은 고형분이 섞여 있을 때 느껴지는 감각으로 섬유질이나 불용성 단백질이 많을 때 나타난다.
⑤ Creamy : 커피 추출액 중 지방성분이 중간 정도일 때 느끼는 입안의 촉감으로 생두의 지방성분이 많을 때 느껴진다.

97 커피의 저장기간으로 가장 적절한 순서는 어느 것인가?

가. 생두	나. 볶은 커피
다. 분쇄한 커피	라. 끓인 커피

① 가-라-다-나 ② 나-다-라-가
③ 다-라-나-가 ④ 라-다-나-가
⑤ 가-나-다-라

98 다음 중 커피 원두 보관에 관한 설명으로 바르지 못한 것은?

① 추출할 분량만큼만 구입하여 보관하는 것이 좋다.
② 공기와의 접촉을 차단하고 적정습도를 유지하는 것이 좋다.

③ 햇볕이 잘 드는 곳에 보관한다.
④ 분쇄하지 않고 원두의 상태로 보관하는 것이 좋다.
⑤ 추출하기 직전에 원두를 분쇄하는 것이 가장 좋다.

99 커피의 산패에 대한 설명이다. 틀린 것은?
① 습도가 높을수록 산패가 빨리 진행된다.
② 온도가 높아질수록 향기성분이 빨리 소실된다.
③ 강배전 원두는 약배전 원두보다 느리게 산화된다.
④ 포장 내 소량의 산소만 존재해도 산화된다.
⑤ 분쇄상태의 커피는 원두보다 5배 빨리 산패가 진행된다.

100 커피 보관에 영향을 주는 원인들로 옳은 설명은?
① 저장 온도가 낮을수록 향기성분이 빨리 증발한다.
② 로스팅한 커피는 공기 중 산소에 의한 영향은 거의 없다.
③ 로스팅한 커피가 수분을 흡수하면 휘발성 향기성분의 산화가 촉진된다.
④ 분쇄한 커피는 공기와의 접촉면적이 커져도 산화가 늦다.
⑤ 생두로 보관하면 산패가 빨리 진행된다.

101 고객 지향적인 서비스 정신이 아닌 것은?
① 환대성 ② 경제성
③ 위생과 청결성 ④ 주관성
⑤ 정확성과 신속성

102 매장관리 서비스에서 적당하지 않은 것은?
① 매장 주변을 수시로 청소하여 청결을 유지한다.
② 커피머신이나 정수기를 청소하고 작동 여부를 점검한다.
③ 제품 및 진열대는 마른걸레로 먼지를 제거한다.
④ 조명은 밝기, 먼지, 점등 여부를 점검한다.
⑤ 음악은 고객이 적을 때 빠르고 경쾌하게 많을 때는 발라드의 분위기로 연출한다.

103 식자재 구매관리에 있어서 적절치 못한 것은?
① 과학적인 시장조사
② 영세한 공급업자 선정
③ 체계적인 구매스펙의 관리
④ 적정량의 구매체계
⑤ 객관적이고 합리적인 공급업자 선정

104 식자재 저장관리원칙에 해당되지 않는 것은?
① 매출증진 ② 분류저장
③ 품질보전 ④ 유통기한
⑤ 저장위치 표시

105 카페의 식재료 저장 시 규칙에 대한 설명으로 틀린 것은?

① 모든 잠재 위해식품은 1~5℃로 유지하며 냉장고에 보관한다.
② 유리용기, 캔류 등의 제품은 냉장, 냉동보관을 한다.
③ 모든 저장식품은 재고회전을 위해 자체적으로 라벨을 붙여서 보관한다.
④ 냉장, 냉동고에 보관된 식품의 유효기간을 정기적으로 점검한다.
⑤ 냉동식품의 유통기한을 최대 3개월 이내로 하는 것이 바람직하다.

106 바리스타의 영업준비 업무와 관계없는 항목은?

① 복장상태 및 고객응대자세
② 냉난방, 조명 작동여부
③ 주요 비품, 소모품의 정위치 여부
④ 진열대 정리정돈 및 상품보충 여부
⑤ 상품판매실적

107 HACCP에 대한 설명으로 틀린 것은?

① 식품위해요소중점관리기준이다.
② 식품의 안전을 위한 위생관리 시스템이다.
③ 식품의 안전성을 확보하는 제도이다.
④ 특정 위해요소를 알아내는 제도이다.
⑤ 위해요소 방지 및 관리방법을 설정하는 제도이다.

108 개인위생과 공중위생에 대한 설명이 틀린 것은?

① 조리 중에는 1시간당 1회 이상 수세한다.
② 조리 중에는 어깨 위로 손이 올라가면 안 된다.
③ 정기 건강검진과 예방접종을 받아야 한다.
④ 화농성 질환에 이환되면 완치될 때까지 조리업무를 못 한다.
⑤ 소화기계 질환의 보균자는 조리업무를 수행할 수 있다.

109 냉장고 관리에 대한 설명으로 틀린 것은?

① 냉장고에 식품을 가득 채우면 냉기의 순환이 차단되어 냉장효과가 크다.
② 주 1회 이상 청소 및 소독을 실시한다.
③ 냉기가 나오는 부분의 성에를 수시로 제거한다.
④ 냉장고의 적정온도는 4℃, 냉동고는 약 −18℃ 정도이다.
⑤ 냉장고의 식품 수납량은 내부 용량의 70% 이하로 채운다.

110 식품위해요소중점관리기준(HACCP)이 적용되는 요소는?

가. 식품의 원료	나. 제조
다. 가공	라. 보존
마. 유통	

① 가, 나, 다, 라　② 가, 다, 라
③ 가, 나, 다, 라, 마　④ 가, 나, 다
⑤ 나, 다, 라

111 위생과 장비의 안전관리에 대한 내용으로 부적당한 것은?

① 제빙기의 얼음이 불투명할 경우 급수와 분사노즐을 확인한다.
② 세척온도는 반드시 60~65℃를 준수해야 한다.
③ 컵의 안쪽에 손가락을 넣어서 잡으면 안 된다.
④ 행주와 리넨은 매일 열탕소독을 하지 않아도 된다.
⑤ 행주와 리넨은 2~3시간마다 깨끗한 것으로 교환한다.

112 커피바리스타의 용모와 복장으로 적당치 않은 것은?

① 두발과 손톱은 짧고 단정해야 한다.
② 업장에서 뛰거나 서두르지 않는다.
③ 회사에서 지정한 유니폼을 착용한다.
④ 식사 후 양치질을 하고 구취에 주의한다.
⑤ 커피향을 증가시키는 향수를 뿌린다.

113 커피서비스의 기본적인 규칙으로 적당치 않은 것은?

① 커피서비스는 고객의 오른쪽에서 오른손으로 제공한다.
② 커피서비스는 여성우선(Lady First)원칙을 지킨다.
③ 커피잔과 스푼의 손잡이는 오른쪽으로 향하도록 한다.
④ 커피주문은 고객의 눈을 마주보지 않고 신속하게 받는다.
⑤ 커피잔은 항상 전용 워머(Warmer)에 넣어 미리 데워둔다.

114 카페에서 메뉴 주문받는 요령을 설명한 것 중 틀린 것은?

① 주문은 고객의 좌측에서 얼굴을 보며 공손하게 받는다.
② 쿠폰의 사용 여부나 현금영수증 발행 여부를 가급적 묻지 않는다.
③ 고객이 메뉴에 대해서 질문하면 상냥하게 설명해 준다.
④ 시간이 오래 걸리는 커피는 반드시 소요시간을 알려준다.
⑤ 주문이 끝난 후 계산과 동시에 반드시 제창하여 확인한다.

115 고객응대 예절서비스로 적당치 않은 것은?

① 매장 내에서는 발을 끌면서 걷지 않도록 한다.
② 전화는 벨이 5번 울리기 전에 받도록 한다.
③ 메뉴설명을 할 때에는 손바닥 전체로 가리킨다.
④ 보행 중에 뒷짐을 지거나 주머니에 손을 넣고 걷지 않는다.
⑤ 풍부한 메뉴지식을 갖추고 친절하게 설명한다.

116 고객관리와 불만대응 요령으로 적합하지 않은 것은?

① 선입견과 감정없이 고객의 입장에서 듣는다.
② 정중하게 성의를 갖고 사과한다.
③ 문제점을 해명하거나 변명을 한다.
④ 해결책을 신속하게 제시하고 설득한다.

⑤ 재발 방지책 및 사후의 고객만족도를 확인한다.

117 고객접점의 서비스화법으로 적당치 않은 것은?

① 바르고 정중한 언어
② 표준어 구사
③ 전문용어, 약어, 사투리
④ 존칭어
⑤ 밝고 명랑한 목소리

118 메뉴주문과 커피서비스에 대한 내용으로 적당치 않은 것은?

① 주문받을 때는 양발을 모으고 양팔은 겨드랑이에 자연스럽게 붙인다.
② 양손은 주문서와 볼펜을 쥐고 가슴 앞으로 허리를 약간 숙인다.
③ 고객이 메뉴에 대한 질문을 하면 숙지한 정보를 친절하게 설명한다.
④ 고객의 특별한 요청이 있는 메뉴는 주방과 협의하여 결정한다.
⑤ 시간이 오래 걸리는 메뉴는 반드시 소요시간을 알려줄 필요가 없다.

119 커피 조리위생에 대한 설명이 옳은 것은?

① 그라인더에 분쇄된 커피를 충분하게 준비해 둔다.
② 스푼의 물기는 손으로 닦아낸다.
③ 커피잔 4개는 손가락을 넣어서 운반하면 편리하다.
④ 커피조리대 위의 우유는 스팀노즐용 행주로 닦는다.
⑤ 포터필터에 분쇄한 커피양이 넘치면 도구를 이용하여 제거한다.

120 커피 조리공간에 대한 설명이 틀린 것은?

① 그라인더 주변에 소량의 분쇄커피가 떨어져 있으면 안 된다.
② 스팀노즐용 행주는 오염방지를 위해서 접시 위에 올려놓는다.
③ 잔들은 물기가 제거된 상태로 컵 워머에서 데워져야 한다.
④ 스팀노즐은 사용 전과 후에 분사를 하고 젖은 행주로 닦아준다.
⑤ 커피 추출 후 포터필터는 물로 씻어서 그룹헤드에 항상 장착해 둔다.

정답

61	62	63	64	65	66	67	68	69	70
①	①	①	②	⑤	①	③	②	④	①
71	**72**	**73**	**74**	**75**	**76**	**77**	**78**	**79**	**80**
⑤	②	③	⑤	②	②	②	①	④	⑤
81	**82**	**83**	**84**	**85**	**86**	**87**	**88**	**89**	**90**
①	④	②	③	③	①	①	④	⑤	①
91	**92**	**93**	**94**	**95**	**96**	**97**	**98**	**99**	**100**
④	①	②	⑤	③	①	⑤	③	③	③
101	**102**	**103**	**104**	**105**	**106**	**107**	**108**	**109**	**110**
④	⑤	②	①	②	⑤	④	⑤	①	③
111	**112**	**113**	**114**	**115**	**116**	**117**	**118**	**119**	**120**
④	⑤	④	②	②	③	③	⑤	⑤	①

4. 용어해설

A

Acidy 상큼한 신맛
Active Carbon 활성탄
Aden 아덴, 예멘 남부의 항구도시
Aftertaste 뒷맛, 여운
Aging 숙성
Altura (커피) 알투라
Americano 아메리카노, 미국식 연한 커피
Amino Acid 아미노산
Antigua 안티구아(과테말라)
Arabica 아라비카종
Aroma 추출된 커피 향기
Astringency 수렴성 맛
Automatic Espresso 전자동형 머신

B

Balance 맛의 균형감
Barista 바리스타, 커피조리사
Barrel 나무통
Bean 빈, 커피콩
Berry 베리 맛
Bitter 쓴맛
Black Bean 블랙빈, 흑두
Bland 부드러운 맛
Blending 블렌딩, 배합
Blue Mountain 블루마운틴, 자메이카 커피등급
Body 바디, 질감, 촉감
Boiler Safety Valve 보일러 안전밸브
Bouquet 부케, 향기의 총칭
Bourbon 버번종
Bread-like 빵 냄새
Break Aroma 추출 커피의 향기
Bright 생기 있고 맛이 산뜻한
Briny 커피를 다시 데웠을 때의 짠맛
Broca Bean 벌레 먹은 원두
Broken Bean 가공 중에 깨진 원두

Buttery 오일감이 풍부하게 나는 커피

C

Cafetero 카페테로, 중소규모 자영농장
Caffe Latte 카페라테
Caffeine 카페인
Canephora 카네포라종
Cappuccino 카푸치노 커피
Capsule Machine 캡슐형 머신
Caramelly 캐러멜의
Carbony 숯의
Catimor 카티모르종
Catuai 카투아이종
Caturra 카투라종
Caustic 열렬한
Chemical Change 화학적 변화
Cherry 체리
Chlorogenic Acid 클로로겐산
Chocolaty 달지 않은 초콜릿 맛
Cinnamon Roasting 약배전
Citrus 귤향이 나는 특징
City Roasting 강중배전
Clawing 할퀴는 듯한
Clean Cup 투명도, 깨끗함
Cleaning 정제
Cleanliness 투명도
Coffea 코페아속
Coffee Belt 커피벨트
Complexity 복잡성
Con Soc 콘삭(베트남의 다람쥐 커피)
Conical Burr 그라인더의 원추형 날
Conpanna 콘파냐 커피
Cooling Phase 냉각 단계
Crack 크랙, 로스팅 중에 콩이 튀는 소리
Crema 크레마, 에스프레소 커피의 거품층
Cupping (커피) 커핑
Cupping Lab 커핑 랩

D

Dead 생기가 없는
Decaffeinate 탈카페인 커피
Decoction 달이기
Defect 결점점수
Defect Bean 결점두
Delicate 섬세함
Demitasse 데미타스, 작은 컵
Dirty 탁한
Djimmah 짐마, 옛 명칭 카파 Kappa
Dopio 도피오, 일반 에스프레소 양의 두 배
Dose 도스, 에스프레소 1인분
Doser Lever 배출 레버
Dosing 담기
Drip Coffee 드립 커피
Drip Filtration 드립여과
Drip Method 드립방식
Drip Pot 주전자
Drip Server 추출된 커피를 받아내는 용기
Drip Tray 커피머신 드립 트레이
Dripper 드립퍼, 깔때기
Drying Phase 건조단계
Dull 무딘
Dump Box 커피 찌꺼기 통

E

Earthy 흙 냄새 나는
Emulsion (조리용어) 에멀전
Espresso 에스프레소, 진한 이태리 커피
Excelso 엑셀소, 콜롬비아 커피 등급
External Boiler 외부 보일러
Extraction 추출
Extraction Chamber 추출챔버

F

Fault 강하게 느껴지는 좋지 않은 맛과 향
Filter Holder 분쇄된 커피를 담는 기구
Final Score 최종점수
Flannel 플란넬, 융
Flat 단조로운
Flat Burr 그라인더의 평면형 날
Flavor 입안에서 느껴지는 맛과 향
Flow Sensor 플로센서
FNC 콜롬비아 커피생산자협회
Fragrance 분쇄된 커피 향기
Freddo 아이스커피(Iced Coffee)
French Press 커피포트의 일종
French Roasting 강배전
Fruity 과일 같은
Full City Roasting 약강배전
Fullness 풍부함

G

Gamy 기운찬
Gasket 개스킷, 고무패킹
Grassy 풀 냄새가 나는
Green 풀 같은 느낌이 나는
Green Coffee Association 생두협회
Grinding 그라인딩, 분쇄
Group Head 포터필터를 장착하는 곳
Gustation 미각

H

Hand Mill (커피) 손절구
Hand Picking 손으로 수확하는 방식
Hard Water 경수
Hario 하리오, (깔때기) 추출구 1개로 나선형
Harrar 하라, 에티오피아 커피 생산지
Harsh 거친, 거친 맛
Hopper 호퍼, 원두를 담는 통

I

ICO 국제커피협회
Immature Bean 미성숙 원두
Intensity 맛의 강도
Internal Boiler 내부보일러
Italian Roasting 최강배전

J

Jablum 자블럼, 블루마운틴을 로스팅

한 커피

Java 인도네시아 자바커피

JCIB 자메이카의 커피산업위원회

K

Kaffa 커피의 원산지

Kaldi 칼디, 에티오피아 양치기 소년

Kalita 카리타, (깔때기) 추출구 3개

KCTA 케냐 커피수출입협회

Knock Box 넉 박스, 찌꺼기 통

Kona 하와이 커피 생산지

Kono 코노, (깔때기) 추출구 1개로 원추형

L

Latte Art (커피) 라테아트

Leakage 물이 새는 현상

Leveling 커피 고르기

Liberica 리베리카종

Light Roasting 최약배전

Lipid 지질

Lungo 룽고, 양이 많고 묽은 에스프레소

M

Macchiato 마키아토, 우유가 첨가된 에스프레소

Maillard Reaction 메일라드반응

Malformed Bean 기형으로 생긴 원두

Manual Espresso 수동형 머신

Mechanical Harvesting 기계수확

Medium Roasting 중약배전

Melitta 메리타, (깔때기) 추출구 1개

Mellow 달콤한 맛

Milano 이탈리아 북부 Lombardy의 주도

Mild 아라비카의 질 좋은 원두

Milk Foam 우유 거품

Mocha 모카커피, 모카항구

Mocha Java 모카와 자바의 혼합커피

Mouldy Bean 곰팡이 핀 원두

Muddler 휘젓는 막대

Musty 곰팡내 나는

N~O

Natural Coffee 건식법

Nose 마시면서 느끼는 향기

Nutty 견과류 같은

Outer Skin 외과피

Overall 전체적인 느낌

P

Paper Filter 여과지

Parchment (커피) 파치먼트

Percolation 반복여과

pH 산도

Pitcher 피처, 주전자

Popping 팝핑, '탁' 튀는 소리

Portafilter 포터필터, 분쇄된 커피를 담는 기구

Pressure gauge 압력게이지
Pressurized Infusion 가압여과
Pulp 펄프, 중과피
Pump 펌프, 보일러에 물 보충
Pungent 쏘는 맛
Purging 추출 전 물 흘리기

Q

Q-Grader 큐그레이더, 커피등급 정하는 사람

R

Ristretto 리스트레토, 양이 적고 진한 에스프레소
Rib 리브, 길게 튀어나온 홈
Richness 윤택함
Rioy 요오드와 같은 특이한 냄새
Roasting (커피) 로스팅
Roasting Phase 로스팅 단계
Robusta 로부스타종
Romano 커피에 레몬향을 첨가
Rough 거친
Rubbery 질긴
Rubiaceae (식물) 꼭두서니과

S

Sanaa 예멘의 수도 사나
Santos 산토스, 브라질의 대표 커피
screen 구멍이 뚫린 판
Semi-Automatic Espresso 반자동형 머신
Shade Tree 차광나무
Sharp 날카로운 맛
Shower Holder 샤워홀더
Shower Screen 커피 표면 전체에 분사시키는 장치
Silver Skin 생두를 감싸고 있는 얇은 막
Skimming 거품 걷어내기
Slurping 흡입하기
Smoke Coffee 과테말라의 커피
Snappy 향기가 강한
Sniffing 냄새 맡기
Soft 부드러운
Soury 시큼한 맛
Specialty Coffee 최고급 커피
Spicy 향신료 같은
Spotted Bean 얼룩진 원두
Spout 추출구
Stale 공기에 노출되어 밋밋한 맛
Steam Milk 데운 우유
Steam Pressure Controller 스팀압력 제어
Steam Wand 스팀 노즐
Steaming 우유 거품을 만드는 작업
Steeping 우려내기
Stop Watch 스톱워치
Straight Coffee 단종커피
Stripping 손으로 훑어서 수확
Supremo 콜롬비아 커피 등급
Swallowing 삼키기

Sweetness 당도

T

Taint 약하게 느껴지는 좋지 않은 맛과 향

Tamper 탬퍼, 누르는 도구

Tamping 탬핑, 누르기

Tapping 태핑, 두드리기

Thick 걸쭉한

Thin 과소추출로 인해 결여된 신맛

Tip 노즐 구멍

Toping 토핑, 음식 위에 얹는 고명

Turkish 터키풍의 커피

Typica 티피카종

U~V

Uniformity 균일성

Vacuum Filtration 진공여과

Variation 에스프레소 커피의 변형

Viscosity 커피의 점도

W~Y

Washed Coffee 습식법

Water Filter 정수기

Water Softer 연수기

Watery 물 같은

Whipping Cream 휘핑크림

White Bean 흰색으로 탈색된 원두

Wildness 야생의

Wilhelm 파푸아뉴기니의 해발 4,694m 높이의 산

Winnowing 키질

Winey 와인 맛

Withered Bean 시들어버린 원두

Woody 나무의

Yield 수율

Yirgacheffe 이르가체페, 에티오피아 커피 생산지

참고문헌 Reference

권장하, 바리스타의 길, 미스터 커피 STC출판부, 2003.

김경옥 외, 커피와 차, 교문사, 2005.

김라합 역, 커피향기, 웅진지식하우스, 2006.

김영식, 에스프레소 커피메뉴, 서울꼬뮨, 2005.

김재현, 커피의 세계, 세계의 커피, 스펙트럼북스, 2009.

김희정, 커피 & 카페, 예경출판사, 2010.

송은경 역, 커피이야기, 나무심는사람, 2003.

송주빈, 커피사이언스, 주빈커피, 2008.

이승훈, 올 어바웃 에스프레소, 서울꼬뮨, 2009.

이용남, 카페 & 바리스타, 백산출판사, 2012.

유대준, 커피인사이드, 해밀출판사, 2009.

윤선해, 커피교과서, 벨리루나, 2012.

전광수 외, 기초 커피 바리스타, 2008.

조윤정, 커피, 대원사, 2007.

채운정 역, 카페하우스의 문화사, 에디터, 2002.

월간 Coffee & Tea, 2004년 01~06호.

한국능력교육개발원, 음료자격검정원 매뉴얼, 2012.

한국커피교육연구원, 커피조리학, 아카데미아, 2012.

한국커피교육협의회, 2011년 14~17회.

전광수 아카데미(www.Jeonscoffee.co.kr)

동양일보, 큐그레이더의 이야기가 있는 커피 한 잔, 2012.

Jean Lenior and David Guermonprez(2005), *The Le Nez du Cafe Aroma Kit*, The Espresso.

SCAA Protocols(2009), *Cupping Specialty Coffee*, The Specialty Coffee Association of America.

Wagner, R.(2002), *The History of Guatemalan Coffee*, Villegas Editors.

Wild, A.(2005), *Coffee : a dark history*, New York : W. W. Norton.

Wintgens, J. N.(ed.)(2004), *Coffee : growing, processing, sustainable reduction : a guidebook for growers, processors, traders and researchers*, Germany : Wiley-VCH.

www.flickr.com

www.joongang.co.kr

http://www.doopedia.co.kr

http://www.gndomin.com/news/article

저자 소개

박 영 배

인천대학교 경영학박사

르네상스, 그랜드힐튼호텔 식음료지배인

조주기능사 심사위원

호텔경영관리사(CHA)

호텔관리사(한국관광공사)

커피지도사(한국커피자격검정원)

한국조리학회, 외식경영학회 상임이사

현) 신안산대학교 호텔외식경영과 교수

[저서 및 논문]

호텔 레스토랑 식음료서비스관리론, 2007.

칵테일의 미학(Aesthetics of Cocktail), 2008.

칵테일 실습(Cocktail for Practice), 2017.

외식산업의 서비스회복 공정성 지각이 고객관계와 구매 후 행동에 미치는 영향, 2005.

와인소비의 감정적 반응에 따른 와인 선택속성의 차이, 2012.

호텔종사원이 지각하는 상사의 리더십이 고객지향성에 미치는 영향, 2015 외 다수

저자와의
합의하에
인지첩부
생략

커피 & 바리스타

2012년 9월 10일 초 판 1쇄 발행
2019년 8월 10일 개정판 4쇄 발행

지은이 박영배
펴낸이 진욱상
펴낸곳 백산출판사
교 정 편집부
본문디자인 강정자
표지디자인 오정은

등 록 1974년 1월 9일 제406-1974-000001호
주 소 경기도 파주시 회동길 370(백산빌딩 3층)
전 화 02-914-1621(代)
팩 스 031-955-9911
이메일 edit@ibaeksan.kr
홈페이지 www.ibaeksan.kr

ISBN 978-89-6183-615-9 93570
값 20,000원